苏州园林

圆明园

中国古典园林

伊索拉·贝拉庄园

卢森堡公园

邱园古塔

草原

生物景观

伊斯兰园林

欧洲园林

儿童乐园

湛江渔港公园

芝加哥北格兰特公园

悉尼谊园

红沙漠

波尔多植物园

西安秦二世陵遗址公园

水景

街心公园

景观雕塑

现代园亭

彩铅画

水彩画

马克画

高等院校艺术设计系列教材

# 园林景观设计

张莉莉　苏允桥　编　著

清华大学出版社
北　京

# 内 容 简 介

本书共分为 7 章,结合古今中外园林景观的发展脉络,采用实例与理论相结合的方法,介绍了古典园林景观对当下园林景观设计的影响与指导作用、中国园林与外国园林的异同、园林景观设计的原则与园林景观布局的原则、园林景观设计与景观生态学的内在联系、现代园林景观的构成元素及设计程序、园林景观的手绘方法、园林景观设计的发展趋势,并以住宅景观与新农村景观为例,介绍了当下设计师关心的事件,全面地、多角度地系统阐述园林景观设计的理论知识与实战经验。本书图文并茂,从传统园林景观的知识到现代园林景观的构成体系,纵向与横向穿插介绍了园林景观设计的理论知识点,体现了理论与实践的很好的结合。同时,通过国内外优秀园林景观的案例,拓展读者的知识面。

本书内容翔实,收录的案例及图片都是国内外优秀的园林景观作品,适合高等院校的相关专业本科生、研究生,以及从事相关专业的读者学习参考。

**图书在版编目(CIP)数据**

园林景观设计/张莉莉,苏允桥编著. —北京:清华大学出版社,2024.3
高等院校艺术设计系列教材
ISBN 978-7-302-65598-5

Ⅰ. ①园… Ⅱ. ①张… ②苏… Ⅲ. ①园林设计—景观设计—高等学校—教材 Ⅳ. ①TU986.2

中国国家版本馆 CIP 数据核字(2024)第 045858 号

责任编辑:陈冬梅　桑任松
装帧设计:刘孝琼
责任校对:孙晶晶
责任印制:曹婉颖

出版发行:清华大学出版社
　　　　　网　　　址:https://www.tup.com.cn, https://www.wqxuetang.com
　　　　　地　　　址:北京清华大学学研大厦 A 座　　　邮　　　编:100084
　　　　　社 总 机:010-83470000　　　　　　　　　邮　　　购:010-62786544
　　　　　投稿与读者服务:010-62776969, c-service@tup.tsinghua.edu.cn
　　　　　质量反馈:010-62772015, zhiliang@tup.tsinghua.edu.cn
　　　　　课件下载:https://www.tup.com.cn, 010-62791865
印 装 者:三河市君旺印务有限公司
经　　销:全国新华书店
开　　本:190mm×260mm　　印 张:14　　插 页:4　　字　数:340 千字
版　　次:2024 年 3 月第 1 版　　　　　　印　次:2024 年 3 月第 1 次印刷
定　　价:45.00 元

产品编号:093451-01

本书介绍园林景观设计，通过学习园林景观设计知识，能够引导读者建立正确的价值观、文化观，建立民族自豪感；训练有序思维，养成在工作学习中遵守园林景观设计的行为习惯；在党的"二十大"精神指引下，以"社会主义核心价值观"为核心，围绕这一主题结合多种设计类型，促成对社会主义核心价值观的感知和认识。

从古至今，园林景观设计都体现了时代的风貌，具有较强的时代性和较强的审美价值。随着社会经济的发展及生活水平的提高，园林景观已经逐渐深入到人们的生活，从日常起居到生活工作，大到大型公园的规划与设计，小到路边园林景观小品的设计与摆放，园林景观设计无处不在。

园林景观规划与设计是园林学、生态学、景观学、建筑学、城市规划、环境艺术、园艺、林学、文学艺术等自然与人文科学高度综合的一门应用性学科。园林景观之所以在当今社会受到广泛的关注，除了与人们的生活息息相关之外，还有利于城市的可持续性发展，对保护城市的生态环境具有重要的意义。

在人们的居住环境中，园林景观做得好与不好，不仅对一座城市及一个乡村的外表形象有着很大的影响，而且对防风沙，涵养水土、吸附灰尘，杀菌灭菌，降低噪声，吸收有毒物体、有毒物质，调节气候和保护生态平衡，促进居民身心健康都有一定的作用。

本书共分 7 章，各章内容具体如下。

第 1 章为园林景观史相关内容，纵向分析了国内外园林景观的发展阶段。因园林景观的发展历史较长，在较长的历史长河中，不同国家和民族的园林景观在外在和内涵上都表现出了差异性，在本章中，对中国园林景观史与外国园林景观史都做了比较详细的阐述。

第 2 章是概述部分，介绍了园林景观的基本概念、分类及功能，并根据概念的不同对中外园林做了详细的对比。

第 3 章介绍了园林景观设计的原则与园林布局的原则，这是本书的重点。

第 4 章对景观生态学与园林景观的关系做了阐述，全面阐述园林景观设计的理论。

第 5 章开始涉及现代园林景观，对中西方现代园林的概念及特点进行了阐述，并对设计要素和设计程序进行了概述。

第 6 章介绍了园林景观手绘的分类及手绘技法。随着电脑科技的遍及，很多园林手绘工作者都借助电脑进行绘图，但是，传统的采用钢笔、马克笔、彩铅、水彩等进行手绘的方法有非常强的表现力，手绘效果图也成了考量设计水平的途径。

第 7 章介绍了园林景观的发展趋势。

本书由山东建筑大学张莉莉、苏允桥老师编著，其中第 1~5、7 章由张莉莉老师编写，第 6 章由苏允桥老师编写，苏允桥老师负责全书统稿工作。

由于编者水平有限，加上时间仓促，书中难免有不足之处，欢迎同行和读者批评指正。

编　者

目录 Contents

# 第 1 章

## 中外园林景观设计发展概况

学习要点及目标

- 掌握中外园林景观设计的发展过程。
- 了解中外园林景观设计范例并能明确不同国家在不同时期的园林景观设计特点。
- 了解古代园林景观设计与现当代园林景观设计的异同点。

本章导读

人类社会在文明初期对生存、生存的环境就存在着强烈的憧憬和向往，不管任何国家、任何时代的人们，对于居住环境的向往都是一致的，对园林的理解都有着一如既往的统一。对于人们来说，园林是建造在地上的天堂，是最理想的生活场所模型。

在中国古代传说中，有西王母的"瑶池"和黄帝的"悬圃"。在西方基督教中，记载了"伊甸园"的美丽景象：流水潺潺、遍植奇花异草、景色绮旎，这是古犹太民族对于美好园林的向往。佛教的《阿弥陀经》中对"极乐世界"的形容也表现了当时印度人对园林的向往："极乐国土，七重栏楯，七重罗网，七重行树，皆是四宝周匝围绕，是故彼国名为极乐。"伊斯兰教的《古兰经》中亦有对伊斯兰园林的描写："天园"界墙内随处都是果树浓荫，水、乳、酒、蜜四条小河，以喷泉为中心，十字交叉流注其中，这种形容不仅成为安拉对信徒们修造的理想园林的要求，也成为后世伊斯兰园林的基本模式，如图 1-1 所示。

图 1-1　伊斯兰园林

由此可见，人们对于优越园林景观的向往是不曾改变的，了解当代园林景观设计要全方位地了解世界景观设计史。

## 1.1　中国园林景观设计

中国园林景观的漫长发展历程是中国古典文化的一部分，也是中国传统文化的重要组成部分。它不仅影响着亚洲汉文化圈，甚至影响着欧洲园林景观文化，在世界园林体系中占有重要的地位。中国传统园林，也被称为中国古典园林，它历史悠久、文化含量丰富，在王朝变更、经济兴衰、工程技术变革的历史长河中，特色鲜明地折射出中国人特有的自然观、人生观和世界观的衍变，成为世界三大园林体系之最，极具艺术魅力。中国的传统文化思想及中国传统艺术对中国园林景观设计有着深刻的影响，在园林发展过程中留下了深深的履痕。

## 1.1.1　中国古典园林景观的发展阶段

中国古典园林景观形成于何时，至今没有明确的史料记载，但就园林设计与人类生活的密不可分性可以推断出，在原始社会时期，人们虽然生产能力低下，但已经有了建造园林的想法，只是没有造园的能力。

《礼记·札记》中称"昔者先王未有宫室，冬则居营窟，夏则居橧巢。未有火化，食草木之实，鸟兽之肉，饮其血，茹其毛；未有麻丝，衣其羽皮"。可见，在生产力低下的原始社会，虽然人们有了改造自然、征服自然的意识，但还是没有能力进行造园活动。

当人类社会经历了石器时代，社会从原始社会向奴隶社会转变之后，奴隶主既有剩余的生活资料又有建园的劳动力，因此，为了满足他们奢侈享乐的生活，园林开始出现，中国古典园林的第一个阶段，即形成阶段开始出现。

### 1．中国古典园林景观的萌芽阶段(夏商周时期)

我国古代第一个奴隶社会国家——夏朝，其农业和工业都有了一定的基础，为造园活动提供了物质条件。夏朝出现了宫殿的雏形——台地上的围合建筑，在围合建筑前种植花草以观测天气。

经过生产力的发展，商朝出现了"囿"。文献资料《说文》记载："囿，养禽兽也"；《周礼地官》记载："囿人，……掌囿游之兽禁，牧百兽"。囿的作用是方便打猎，用墙围起来的场地。到了周朝，"囿"发展到了在圈地中种植花果树及圈养禽兽。中国古代园林的孕育完成于囿、台的结合。"台"在"囿"之前出现，是当时人们模仿山川建造的相较于地面较高的建筑，可以眼观八方，方便指挥狩猎。

可见，中国的园林是从殷商时期开始的，囿是中国传统园林的最初形式。很多学者认为，囿这种园林活动的内容和形式在中国整个封建社会产生了很大的影响，清朝时期，皇帝还会在避暑山庄中骑马射箭，可见也是沿袭了奴隶社会的传统。

### 2．中国古典园林景观的形成阶段(秦汉时期)

秦汉时期是我国园林发展史上一个承前启后的时期，初期的皇家宫廷园林规模宏大，形制自然，多因山就水。西汉中期受文人影响，开始出现诗情画意的境界；东汉后期，园林趋向小型化，很多皇亲国戚、富商巨贾开始投资兴建园林，标志着我国古典私家园林的兴起。

战国时期，宫苑奠定了"苑"的形成机制，这个时期的宫苑是皇家园林的前身。作为中央集权的郡县制的秦汉政体的衍变，随着封建帝国的形成，皇家园林的规模也渐显，规模宏大、气魄雄伟是这个时期造园活动的主流。

秦始皇统一六国之后，建立了前所未有的大一统国家。统一之后的大国中，建筑了大大小小近 300 多处宫苑，"苑"的规模得到了发展。

案例1—1

### 秦汉时期的上林苑

上林苑是汉武帝在秦代旧苑的基础上扩建的，其中有自然景物、华美宫室，是秦汉时期建筑宫苑的典型，如图1-2所示。上林苑规模宏伟，跨长安(今陕西西安)、咸阳、周至、户县、蓝田五县。关于上林苑的规模，司马相如的《上林赋》记载："终始灞浐、出入泾渭。沣镐涝潏，纡馀委蛇，经营乎其内。荡荡乎八川，分流相背而异态。东西南北，驰骛往来。"可见，有灞、浐、泾、渭、沣、镐、涝、潏八水出入其中。

据《汉书·旧仪》记载："苑中养百兽，天子春秋射猎苑中，取兽无数。其中离宫七十所，容千骑万乘。"可见，上林苑也继承了"囿"的功能，即保存了射猎游乐的传统，但不同的是，上林苑中有宫殿建筑和园池。

上林苑一个重要的特点就是将动植物景观植入苑内，在帝王划定的山水中，建造具有不同特点的宫苑，既是宫苑，又是植物园。既有天然植被，又有移植的树木。《西京杂记》提到汉武帝初修上林苑时，用了远方进贡的树木花草3000余种，近百个品种，既有生产的需要，又有造景的需要。这座皇家植物园，南北树木皆有，且配备温室栽培技术，是一般的植物园所不能比拟的。除此之外，上林苑还是一座皇家动物园，有许多奇兽珍禽散布在其中，供皇帝射猎。有豪猪、虎豹、狐兔、麋鹿等，还有数万里之外的异国他邦的动物。

秦汉时期的上林苑，用太液池所挖土堆成岛，开创了我国人工堆土山的纪录，中国古代的哲学思想与意识开始有效地在造园活动中发挥作用。上林苑的离宫别院数十所广布苑中，其中太液池运用山池结合手法，造蓬莱、方丈、瀛洲三岛，岛上建宫室亭台，植奇花异草，自然成趣。这种池中建岛、山石点缀手法，被后人称为秦汉典范。

图1-2　上林苑图

公元前206—公元24年，刘邦建立的西汉王朝，在政治、经济方面承袭了秦王朝的制度。秦末农民战争之后的西汉经济发展迅速，成为中国封建社会经济发展最活跃的时期之一，此时皇宫贵族、富商巨贾生活奢侈，地主、大商开始建园。西汉的园林继承了秦代皇家园林的传统，保持了基本特点但又有所发展，如案例 1-1 中所示。上林苑以秦为鉴，在秦的基础上形成了苑中苑的布局，形成了"苑中套苑"的基本格局，奠定了园林组织空间的基础。

东汉时期的皇家园林数目不算太多，但园林的游赏水平和造景效果达到了一定的水平。

由此可见，汉代园林是中国园林史上的重要发展阶段，在此阶段得到发展的皇家园林成为中国古典园林的重要分支。西汉园林对秦代园林的形式有了进一步的发展，将囿苑向宫宅园林发展。东汉时期，皇家园林开始展现出诗情画意的意境，文人园林开始初见端倪，为魏晋南北朝时期园林的发展奠定了基础。

### 3．中国古典园林景观的发展阶段(魏晋南北朝时期)

东汉后期，多年战乱，社会经济遭到了极大的破坏。魏晋南北朝时期，北方少数民族入侵，当时的国家处于分裂状态。意识形态方面也突破了儒家思想的主导地位，呈现出百家争鸣的局面。社会的动荡不安，儒家思想失去独尊地位，思想的解放带来了人性的解放，多元的思想潮流在这个时期涌现：归隐田园、皈依山门、寄情山水、玩世不恭成为人们面对现实的直接反应。刘勰的《文心雕龙》、钟嵘的《诗品》、陶渊明的《桃花源记》等许多名篇，都是这一时期问世的。一些寄情于山水的实践活动不断增加，关于自然山水的艺术领域不断扩张。在此社会背景下，私家园林开始盛行，皇家园林的影响相对减小，佛教和道教的流行使得佛寺道观流行。

以自然美为核心的美学思潮在这个时期发生了微妙的变化，从具象到抽象、从模仿到概括，形成了源于自然而高于自然的美学体系。园林的狩猎、求仙等功能消减，游赏活动成为主导功能，甚至唯一功能。

以山水画为题材的创作阶段，文人、画家参与造园，进一步发展了"秦汉典范"。北魏张伦府苑，吴郡顾辟疆的"辟疆园"，司马炎的"琼圃园""灵芝园"，吴王在南京修建的宫苑"华林园"等，是这一时期有代表性的园苑。"华林园"(即芳林园)，规模宏大，建筑华丽。时隔许久，晋简文帝游乐时还赞扬说："会心处不必在远，翛然林木，便有濠濮闲趣。"

魏晋南北朝时期的造园活动是从生成期到全盛期的转折，初步确立了园林美学思想，奠定了中国风景式园林大发展的基础，造就了园林艺术的突破和改变，此时的园林景观摆脱了前世的束缚，更加追求自由、自然的建设风格，使园林景观向艺术方向靠拢，为中国古典园林的发展埋下了重重的伏笔。

### 4．中国古典园林景观的全盛阶段(隋唐时期)

隋唐时期(公元 581—907 年)，是中国封建社会的鼎盛时期，随着社会政治、经济制度的完善，皇家园林的发展进入了全盛时期。隋唐时期的园林景观设计较魏晋南北朝时期艺术水平更高。隋唐园林开始将诗歌、书画融入园林景观设计中，抒情、写意成了园林景观设计的基本艺术概念，主题园林开始萌芽，直到宋代主题园的确立，园林成了容纳士大夫荣辱、理想的艺术载体。此时的园林景观设计是继魏晋南北朝时期的"宛若自然"的园林景观设计之后的第二次质的飞跃。

隋朝全国统一，政治经济繁荣，当朝皇帝生活奢侈，偏爱造园。隋炀帝"亲自看天下山水图，求胜地造宫苑"。迁都洛阳之后，"征发大江以南、五岭以北的奇材异石，以及嘉木异草、珍禽奇兽"，都运到洛阳去充实各园苑，一时间古都洛阳成了以园林著称的京都，"芳华神都苑""西苑"等宫苑都极尽豪华。这些皇宫贵族将天下的景观都融入自家的园林中，足不出户就能享受自然的美景。

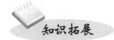
知识拓展

隋炀帝在建设东都的时候，不仅宏大的建筑为后世的园林景观埋下了伏笔，而且发展了"理水"艺术，使我国的皇家园林趋于成熟。隋炀帝注重发展饮水工程，利用洛阳优越的水利条件和运河工程，使水体从单纯的欣赏景观发展成为连接园林各要素的重要手段，为开创今后的皇家园林的山水相间的布局奠定了基础。

唐朝继承了魏晋南北朝时期的园林风格，但开始有了风格的分支。以皇亲贵族为主的皇家园林精致奢华，"禁殿苑""东都苑""华清宫"(见图 1-3)、"太极宫""神都苑""翠微宫"等，都旖旎空前。

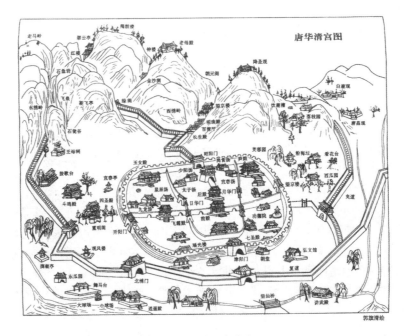

图 1-3　唐代华清宫

除了奢华的皇家园林之外，以文人官僚为主的私家园林清新雅致，因唐宋时期流行山水诗、山水画，这必然影响到园林创作，诗情画意写入园林，以景入画，以画设景，形成了"唐宋写意山水园"的特色。

在当时，有代表性的就是庐山草堂、浣花溪草堂、辋川别业等，比较有代表性的造园文人有白居易、柳宗元、王维等。文人官僚开发园林、参与造园，通过这些实践活动而逐渐形成了比较全面的园林观——以泉石竹树养心，借诗酒琴书怡性。这对于宋代文人园林的兴起及其风格特点的形成也具有一定的启蒙意义。

案例1—2

## 唐朝著名文人园林——庐山草堂

庐山草堂是唐代诗人白居易于元和十二年(公元 816 年)所建，草堂虽然简朴，仅"三间两柱，二室四墉"，"木斫而已，不加丹，墙圬而已，不加白。砌阶用石，幂窗用纸、竹帘纻帏，率称是焉"，但极其精练，不仅有草堂地、平台、方池，印在香炉峰之北、遗爱寺之南，因此有应接不暇的美景，石涧、古松、孝杉、修竹、灌丛、萝藤，加之堂东的三尺飞瀑，昏晓如练色，夜中若环佩琴筑之声。堂西层崖危磊，竹槽引山泉，自檐注砌，累累如贯珠，霏微似雨露。春有锦绣谷花，夏有石门涧云，秋有虎溪之月，冬有炉峰积雪。阴晴显晦，昏旦含吐，千变万化、不可殚记，如图1-4所示。

庐山草堂的精心选址，借助四外景致，与自然融为一体，以及不拘建筑传统型制，"广袤丰杀，一称心力"的造园思想对以后文人园的营建具有深刻的影响，不久后白居易在洛阳履道里所构筑的宅园在诸多方面表现出与庐山草堂相似的旨趣。直到明末计成的《园冶》，亦能发现彼此的渊源联系。

图1-4　白居易的庐山草堂

### 5. 中国古典园林景观的成熟阶段(两宋到清中期)

当中国封建社会发展到两宋时期，其社会已经定型，商业经济也得到空前的繁荣，浮华的社会风气使当时上至帝王、下至庶民都讲究饮食玩乐，大兴土木、广建园林。封建文化开始转向精致，开始实现从总体到细节的自我完善。两宋时期的科学技术有了长足的进步，不管从理论上的《营造法式》和《木经》等建筑工程著作的流行，还是树木、花卉栽培技术的提高，抑或是园林叠石技艺的提高(宋代已经出现了以叠石为专业的技工，称"山匠"或"花园子")都为园林景观设计的发展提供了保证。种种迹象表明，中国古典园林景观设计自两宋开始已经进入了成熟阶段。

中国古典园林发展到宋代更加成熟。在建筑技术方面，宋朝的建筑技术继承和发展了唐代的形式。无论是单体还是群体建筑，宋代的建筑更加秀丽，富有变化。宋代的建筑技术无论在结构上还是在工程做法上较之唐朝都更加完善了。图1-5是傅熹年先生研究修复的宋朝东京汴梁皇城复原图，从图中可以看出来，宋代的皇家宫殿规模宏大。

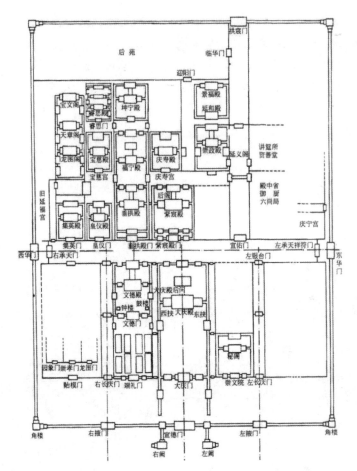

图 1-5　傅熹年先生研究修复的宋朝东京汴梁皇城复原图

知识拓展

作为中国古典园林成熟时期的北宋，其都城东京汴梁中，名园遍地。不仅数量众多，且类型各异，包括皇家园林景观、私家园林景观、宗教园林景观、衙署园林景观、公共园林景观等。园林景观的组成也类型多样，有山石景观、水体景观、花木景观、动物景观、建筑景观等。据《枫窗小牍》记载："汴中园囿亦以名胜当时，聊记于此。州南则玉津园，西去一丈佛园子、王太尉园、景初园。陈州门外园馆最多，著称者奉灵园、灵嬉园。州东宋门外麦家园、虹桥王家园。州北李驸马园。西郑门外下松园、王大宰园、蔡太师园。西水门外养种园。州西北有庶人园。城内有芳林园、同乐园、马季良园。其他不以名著约百十，不能悉记也。"这些城市园林景观多为人工模拟自然，有独特的意境之美，对后世中外园林景观的建设具有非常重要的参考价值，留下了宝贵的经验和财富。

宋朝的皇家园林中，除了艮岳之外，还有玉津园、瑞圣园、宜春苑、金明池、琼林苑等。以玉津园和金明池为例，玉津园是皇家禁苑，宋初经常在此习射赐宴，后期因为艮岳的兴建，地位逐渐降低。金明池(见图 1-6)中有水心五殿、骆驼虹桥，并且在北宋时期不断增修，在当时的皇家园林中占有重要的地位。

图 1-6　张择端《金明池夺标图》

北宋初年，私家园林遍布其都城东京，这些私家园林的修建者多是皇亲国戚。除东京之外，当时的文化中心洛阳也有很多私家园林。李格非的《洛阳名园记》是有史以来第一部以园林为题材的著作，在这部著作中，记载了洛阳不同类型的私家园林，如图 1-7 所示。

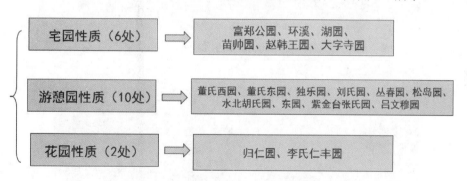

图 1-7　《洛阳名园记》中洛阳私家园林的分类

北宋时期，除皇家园林和私家园林之外，宗教园林景观也占有一席之地。汉代起，佛教传入中国，与中国土生土长的道教相互消长，在中国宗教中有举足轻重的作用。北宋时期，佛道二教并存。北宋初期，佛教赢得统治者的好感，宋真宗时期，道教受到统治者的重视，宋徽宗时期达到高潮。佛教中，相国寺、开宝寺、天清寺等都是非常具有园林艺术特色的佛教寺院。而玉清昭应宫、五岳观、集禧观等都是当时非常著名的道观园林。

案例1—3

**宋朝著名佛教寺院园林——相国寺**

相国寺又称大相国寺，始建于北齐天保六年(555 年)，原名建国寺，唐代睿宗因纪念其由相王登上皇位，赐名大相国寺。北宋时期，相国寺深得皇家尊崇，多次扩建，占地达500余亩，辖64个禅、律院，成为全国最大的皇家寺院，如图1-8和图1-9所示。

宋白在《修相国寺碑记》中记载："唯相国寺，敕建三门，御书赐额，余未成就，我当修之。乃宣内臣，饬大匠百工，糜至众材，山积岳立……金壁辉映，云霞失容。绮罗缤纷，花环璎珞，巡礼围绕，旃檀众香，仰而骇之，谓之兜率，广严摄归于人世……"

大相国寺是我国现存规模庞大的著名寺院园林，是我国著名的人文景观，建筑制式的独特是文化上繁荣与发达的体现，其布局也体现了中原及南北古建筑技法的大成。如今的大相国寺还成为人们分析历史文化的重要依据和人文旅游资源。

图1-8　如今的相国寺

图1-9　相国寺一景

两宋时期是中国古典园林进入成熟期的第一个阶段，这个阶段中的皇家、私家、寺观三类园林类型已经完全具备了中国风景式园林的主要特点，这时期的园林景观艺术起到了承前启后的作用，为中国古典园林进入成熟期的第二个阶段打下了基础。

元大都的苑囿虽然沿用了前朝的旧苑，但苑中还是依据当时的需要进行了增筑和改造，殿宇型制出现了前所未见的盝顶殿、畏瓦尔殿、棕毛殿等形式，殿宇材料及内部陈设也按照元人固有的风俗习惯，大量使用诸如紫檀、楠木、彩色琉璃、毛皮挂毯、丝质帷幕以及大红金龙涂饰等名贵物品和艳丽色彩，形成了以往所没有的特色。

元代的私家园林主要是继承和发展唐宋以来的文人园形式，其中较为著名的有河北保定张柔的莲花池、江苏无锡倪瓒的清闷阁云林堂、苏州的狮子林、浙江归安赵孟頫的莲花庄以及元大都西南廉希宪的万柳园、张九思的遂初堂、宋本的垂纶亭等。有关这些园林详尽的文字记载较少，但从留至今日的元代绘画、诗文等与园林风景有关的艺术作品来看，园林已开始成为文人雅士抒写自己性情的重要艺术手段。由于元代统治者的等级划分，众多汉族文人往往在园林中以诗酒为伴，吟风弄月，这对园林审美情趣的提高是大有好处的，也对明清园林起着较大的影响。

案例1—4

## 元朝著名私家园林——苏州狮子林

狮子林为苏州四大名园之一，初建于元代至正二年，至今已有 650 多年的历史，为元代园林的代表，如图 1-10、图 1-11 所示。

图 1-10　苏州狮子林园中一景(1)

狮子林的古建筑大都保留了元代风格，为元代园林代表作。园以叠石取胜，洞壑宛转，怪石林立，水池萦绕。依山傍水有指柏轩、真趣亭、问梅阁、石舫、卧云室诸构。主厅燕誉堂，结构精美，陈设华丽，是典型的鸳鸯厅形式；指柏轩，南对假山，下临小池，古柏苍劲，如置画中；见山楼，可览群峰，山峦如云似海；荷花厅雕镂精工；五松园庭院幽雅；湖心亭、暗香疏影楼、扇亭等均各有特色，耐人观赏。园内四周长廊萦绕，花墙漏窗变化繁复，名家书法碑帖条石珍品 70 余方，至今饮誉世间。

2006 年 5 月 25 日，狮子林作为元代古建筑，被国务院批准列入第六批全国重点文物保护单位名单。

图 1-11　苏州狮子林园中一景(2)

　　咫尺之内再造乾坤，苏州园林被公认是实现这一设计思想的典范。这些建造于 16—18 世纪的园林，以其精雕细琢的设计，折射出中国文化中取法自然而又超越自然的深邃意境。狮子林主题明确，景深丰富，个性分明，假山洞壑匠心独具，一草一木别有风韵。苏州园林在有限的空间范围内，利用独特的造园艺术，将湖光山色与亭台楼阁融为一体，把生意盎然的自然美和创造性的艺术美融为一体，令人不出城市便可感受到山林的自然之美。此外，苏州园林还有着极为丰富的文化底蕴，它所反映出的造园艺术、建筑特色以及文人骚客们留下的诗画墨迹，无不折射出中国传统文化中的精髓和内涵。

　　随着中国封建社会进入明清时期，社会经济高度繁荣，此时的园林艺术创作也进入了高峰期。因明朝时期封建专制制度进入顶峰，皇家园林多结构严谨，而江南的私家园林成为明朝时期园林景观的主要成就。

　　明代的皇家苑囿有着两个较为显著的特点。第一，苑囿都设在皇城之中。当时政局复杂，皇城常受到蒙古军队的威胁，出于安全考虑，皇家苑囿大多在皇城之中。第二，苑囿的布局都端庄严整。上文提到，明朝时期封建专制的政治制度到达极点。明初规定，各等级官吏和庶民只能按照规定进行造园活动，因此，明代的皇家苑囿表现出的端正与威严是其他各朝代所不及的。

　　清代自康熙至乾隆祖孙三代共统治中国达一百三十多年之久，这是清代历史上的全盛时期，此时的苑囿兴建也几乎达到了中国历史上前所未有的高潮。此时社会稳定、经济繁荣，给建造大规模写意自然园林提供了有利条件，如"圆明园""避暑山庄""畅春园"等。

案例1-5

### 清朝著名皇家园林——圆明园

　　圆明园始建于康熙四十六年(1707 年)，由圆明、长春、绮春三园组成，占地 350 万平方米，其陆上建筑面积比故宫多 1 万平方米，总面积等于 4.86 个紫禁城，如图 1-12 所示。

图 1-12　圆明园复原图

在圆明园中，奇花奇木奇石应有尽有，不仅有大型建筑物 145 处，还有难以计数的艺术珍品和图书文物。除了有多处中国传统风格的庭院外，还有西洋风格建筑群，被誉为"万园之园"。

圆明园继承了中国三千多年的优秀造园传统，既有宫廷建筑的雍容华贵，又有江南水乡园林的委婉多姿，同时，又吸取了欧洲的园林建筑形式，把不同风格的园林建筑融为一体，在整体布局上使人感到和谐完美。

1860 年 10 月 6 日，英法联军洗劫圆明园，文物被劫掠，18—19 日，园中的建筑被烧毁。曾经拥有诸多奇迹宛如神话般的圆明园变成一片废墟，如图 1-13 所示。

图 1-13　圆明园现存景观

## 1.1.2　中国传统园林景观的美学特点

上节已经梳理了中国园林艺术的悠久历史，可以看出中国园林在以诗画为主体的封建社会文化中发展，将自然与人造结合，蕴含着不同于世界其他国家和地区园林艺术的美学特点。

第一，中国传统园林的方法源于自然，且高于自然。

明代造园专家计成在《园冶》中提到："虽由人作，宛自天开。"

自然风景以山、水等地貌为基础，山、水、植被是构成自然景观的基本要素，这也是中国古典园林的基本构成因素。但园林毕竟是人造景物，并不是对自然景观的照搬，而是通过人的审美经验的发挥所建构的。

东晋简文帝入华林园说："会心处不必在远，翳然林水，便自有濠濮间想，觉鸟兽禽鱼，自来亲人"(摘自《世说新语》)，明计成的《园冶》有"有真为假，做假成真"的说法，这些都是在强调园林审美活动中主体与自然的密切关系。

有意识地改造、调整、加工等，使园林成为精练的、概括的人造自然。这个特点在中国传统园林中主要体现在筑山、理水、植物配置方面，如图 1-14 所示。

图 1-14　古典园林的经典形态

案例1-6

### 苏州狮子林的假山

苏州园林甲江南；狮子林假山迷宫甲园林。狮子林假山是中国古典园林中堆山最曲折、最复杂的实例之一。假山构造奇巧，种类齐全，品位较高。有婀娜多姿、玲珑剔透的太湖石假山(如大假山、小假山、岛山、南山等处)，有棱角分明、刚劲有力的黄石假山(小赤壁)，有土石假山(位于水池西岸有土包石和石包土两种形式)。还有散列于厅前堂后堪称经典的零星湖石，其表现形态，有峰峦岑嶂，有崖壁屏阜，有冈坡谷丘，有岛岸矶穴，蔚为大观，如图 1-15、图 1-16 所示。

元末明初建园时，搜集了大量北宋"花石纲"的遗物，经过叠石名家的精妙构思，假山群气势磅礴。以"适、漏、瘦、皱"的太湖石堆叠的假山，玲珑俊秀，洞壑盘旋，像一座曲折迷离的大迷宫。

图 1-15　苏州狮子林的假山(1)

图 1-16　苏州狮子林的假山(2)

狮子林的山洞做法也不完全是以自然山洞为蓝本，而是采用迷宫式做法，通过蜿蜒曲折、错综复杂的洞穴相连，以增加游人兴趣，所以其山用"情""趣"二字概括更宜。园东部叠山以"趣"为胜，全部用湖石堆砌，并以佛经狮子座为拟态造型，进行抽象与夸张，构成石峰林立、出入奇巧的"假山王国"。山体分上、中、下三层，有山洞二十一个，曲径九条。崖壑曲折，峰回路转，游人行至其间，如入迷宫，妙趣横生。

第二，中国传统园林建筑美与自然的山、水、花木相结合。

中国古典园林将山、水、花木三个造园要素有机地组织在一起，形成一系列风景画。不同于法国规整式园林和英国风景式园林，中国古典园林无论大小，都将三者彼此协调、互相补充。

15

有学者认为，中国古典园林就是"建筑美与自然美的融糅"，这种人工与自然高度协调的境界在中国古典园林中淋漓尽致地体现，如图 1-17、图 1-18 所示。

图 1-17　苏州园林中建筑与三要素的结合

图 1-18　皇家园林——颐和园的景致

第三，"诗情画意"是中国园林区别于其他园林的独有风格。

宋朝诗人周密有诗词："诗情画意，只在阑干外，雨露天低生爽气，一片吴山越水。"这句词中的"诗情画意"是指画里所描摹的能给人以美感的意境，这与园林给人们的感觉相似。"文学是时间的艺术，绘画是空间的艺术"，园林设计不仅要考虑山、水、植物等因素，还要考虑人及气候等条件对其的影响。中国古典园林作为人类环境创造的杰作，融合了中国传统文化中的多种艺术，这也是中国园林区别于世界各大园林体系最重要的原因。

中国画与中国古典园林被学者认为是"姊妹艺术"，两者可谓血脉相连，两者相互渗透、互相影响。中国画的立意、层次、叙事等手法都与中国古典园林的造园手段吻合。如南宋赵夏圭的《长江万里图》、北宋王希孟的《千里江山图》、北宋张择端的《清明上河图》(见图 1-19)等书画长卷，其山水章法都如同一个大园林。相反，像北京圆明园的四十景、承德避暑山庄的三十六景等，如果将这些景物展开，都是一幅幅山水长卷。

图 1-19　北宋《清明上河图》(局部)

第四，中国古典园林中的意境之美。

中国古典园林虽然南北差异较大，但两者有共同的特点，就是园中有意境。

意境是一个很复杂的概念，它包含"意"与"境"。所谓"意"既指艺术形象，又指创作者内心的想法和接收者的观赏图像，是创作者传递给接收者内心的主观的感受。"境"则是由"意"所诱发和开拓的审美想象空间。

中国园林艺术是自然环境、建筑、诗、画、楹联、雕塑等多种艺术的综合。园林意境产生于园林境域的综合艺术效果，给予游赏者以情意方面的信息，唤起游赏者关于以往经历的记忆联想，使之产生物外情、景外意。

园林景观设计是一种审美体验，"虽由人作，宛自天开""巧于因借，精在体宜"，体现了中国古人园林景观设计的总体意境，如图 1-20 所示。

图 1-20　中国古典园林的意境

# 1.2 外国园林景观设计史

据史料记载，人类的祖先在公元前 3000 年前后就有了造园活动，有学者认为，古人的造园活动受宗教的影响，是从神话传说中发展起来的。在公元前 3000 年以后在埃及、美索不达米亚地区的造园活动就受到了宗教的影响。然而，园林景观设计的起源和发展从根本上是生产力的需求，生产力的发展对国内外园林景观的设计起到了至关重要的作用。

## 1.2.1 古代园林(公元 4 世纪之前)

### 1. 古代埃及园林(公元前 3200 年—公元前 1 世纪)

据古埃及墓穴中描绘的园林形象，可以推测，埃及园林可以上溯到公元前 2700 年的斯尼弗罗统治时期。当时，埃及的园林以实用性园林为主，种植果木和葡萄等植物，这是埃及园林的雏形。

从流传下来的壁画和雕刻可以看出，新王朝之后，园内开始种植黄槐、石榴、无花果等。

据史料记载，古埃及园林大致有三种类型。

第一种，宅园。在古埃及的墓园中，有宅园的手绘图。四周筑有围墙，入口处建塔门，有甬道直通住房，形成明显的中轴线。甬道两侧和庭院周围成行种植椰枣、棕榈、无花果等。轴线两旁对称布置凉亭和几何形水池，池中养鱼和水禽，种植睡莲。房前甬道上覆以拱形葡萄架。园中以矮墙分隔成大小不一的八个小区。

第二种，宫殿花园。从现存的墓室绘画看，宫殿花园与私人花园相比，宫殿花园比私人花园要大，但在设计和使用上有很多相似之处。埃及宫殿园林更加家庭化，用于放松休息、室外进餐、儿童游戏，种植可食用的美观的植物。

宫殿建筑群与神庙建筑群一样，是由高墙围成的一个个矩形闭合空间。墓室绘画中显示了果树、花卉、水池、盆栽植物等。图 1-21 所示为墓室中发掘的宫殿花园壁画，从这幅画中可以看出，宫殿园林采用非常对称的形式，给人以庄重严肃的感觉。

第三种，神庙花园。最古老的"园林"遗迹是古埃及的神庙建筑群，它们只限于祭司和法老使用，普通百姓只能在节日进入。圣林、圣湖都布置在神庙群内。神庙群中，内部用于宗教仪式，外部则是园林，其中除了圣林和圣湖之外，还有神像、花园和蔬菜园。神庙花园严格使用中轴线的几何造型，神庙由林荫道联系起来，路边排列成行的树、狮身人面像和神像。林荫道通到建筑群中，穿过一系列游行用的大门，进入多柱式大厅，随后就是圣坛——神圣的圣所所在地。

古埃及人常在神庙附近种植树木，形成"圣林"，表示崇敬。墓地上也植树种花，设小水池，成为墓园，以慰先灵。

### 2. 古代巴比伦园林(公元前 3500 年—公元前 5 世纪)

巴比伦王国位于底格里斯和幼发拉底两河之间的美索不达米亚(今伊拉克境内)，古代巴比伦文化也是两河流域的产物。在河流形成的冲积平原上，林木茂盛，加之温和湿润的气候，使这一地区十分美丽富饶。两河的流量受上游地区雨量的影响很大，有时也泛滥成灾。一马平川的地形，使这里无险可守，以致战乱频繁。

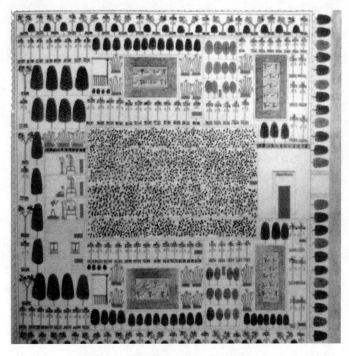

图 1-21　墓室中发掘的宫殿花园壁画

　　大约公元前 1900 年，来自西部的阿莫里特人征服了整个美索不达米亚地区，建立了强盛的巴比伦王国。设在幼发拉底河下游的巴比伦城成为都城，是当时两河流域的文化与商业中心。

　　著名的汉穆拉比(公元前 1792—1750 年在位)是巴比伦第一王朝的第六位国王，他统一了分散的城邦，疏浚沟渠、开凿运河，使国力日益强盛。同时也大兴土木，建造了华丽的宫殿、庙宇及高大的城墙。

　　据史料记载，古巴比伦园林大致有三种类型。

　　第一种，猎圃。古巴比伦所处的两河流域雨量充沛，气候温和，茂密的天然森林广泛分布。进入农业社会以后，人们仍眷恋过去的渔猎生活，因而将一些天然森林人为改造成供狩猎和娱乐为主要目的的猎苑。苑中增加了许多人工种植的树木，品种主要有香木、意大利柏木、石榴、葡萄等。同时，猎苑中还豢养着各种用于狩猎的小动物。

　　第二种，神庙。缺少天然森林的埃及，人们将树木神化而大量植树造林，而在富有郁郁葱葱森林的古巴比伦，人们对树木同样怀有极高的崇敬之情。由于在远古时代，森林就是人类赖以生存、躲避自然灾害的理想场所，这或许也是古巴比伦人将树木神化的原因之一。

　　因此，古巴比伦的神庙周围，也常常建有圣苑，树木呈行列式种植，与埃及圣苑的情形十分相似。耸立在林木幽邃、绿荫森森的氛围之中的神殿，不仅具有良好的环境，也加强了神庙庄严肃穆的气氛。

　　第三种，宫苑。关于埃及园林的史料非常有限。然而，对于巴比伦，尤其是她的被誉为古代世界七大奇迹之一的"空中花园"(Hanging Garden，又称"悬园")，各种史料、介绍就很多了。关于这一花园的来源曾有多种说法，直到 19 世纪，一位英国的西亚考古专家罗林松爵士解读了当地砖刻的楔形文字后才确定了其中一种说法，它是尼布甲尼撒二世为其王妃建造的。

案例1-7

### 古巴比伦宫苑——空中花园

空中花园是巴比伦文明的标志之一。空中花园建于新巴比伦国王尼布甲尼撒二世时期，传说建此园的目的是博取米底公主的欢心。花园整个布局呈梯形，上面栽满了奇花异草，因花园比城墙还高，给人悬空的感觉，故被称为"空中花园"，后此花园随巴比伦城一起淹没在了滚滚黄沙之中。公元2世纪，希腊学者把"空中花园"列为"世界七大奇观"之一。图1-22为古巴比伦城的复原图。

图1-22　古巴比伦城复原图

### 3. 古代希腊园林(公元前3000年—公元前1世纪)

希腊人在哲学、戏剧、绘画、雕塑、建筑等方面都是开拓者，西方不少设计理论都源于古希腊和古罗马。希腊人对于理性和秩序的渴望体现在包括园林艺术在内的艺术追求上。

古希腊是欧洲文明的摇篮，在此地，发生了艺术的萌芽，对后来的欧洲园林的发生和发展产生了深远的影响。古希腊的神话、音乐、绘画、雕塑等艺术形式达到了较高的水平。除此之外，古希腊的哲学、美学、数理学等领域也取得了巨大的成就，他们的思想和艺术成就曾经对古希腊园林及欧洲园林产生了重大影响。希腊人对于理性和秩序的追求也使得西方园林有理性、协调、均衡等方面的发展。

古代希腊园林类型多样，是欧洲园林的雏形。古希腊园林可以分为宅园、圣林、学术园林三种类型。

第一种，宅园。公元前5世纪，希腊在波希战争中获胜，国力日强，出现了高度繁荣昌盛的局面。希腊人开始追求生活上的享受，兴建园林之风也随之而起，不仅庭园的数量增多，并且开始由实用性园林向装饰性和游乐性的花园过渡。花卉栽培开始盛行，但种类还不很多，常见的有蔷薇、槿、荷兰芹、罂粟、百合、番红花、风信子等，这些花卉至今仍是欧洲广泛应用的种类。此外，人们还十分喜爱芳香植物。

这时的住宅采用四合院式的布局，一面为厅，两边为住房。厅前及另一侧常设柱廊，而当中则是中庭，以后逐渐发展成四面环绕着列柱廊的庭院。希腊人的住房很小，因而位于住宅中心位置的中庭就成为家庭生活起居的中心。早期的中庭内全是铺装地面，装饰着雕塑、饰瓶、大理石、喷泉等。以后，随着城市生活的发展，中庭内还种植各种花草，形成美丽的柱廊园了。

第二种，圣林(见图 1-23)。古巴比伦人对树木怀有崇敬之情，因此在神庙外围种植树林，称为圣林。起初，圣林是种植在神庙四周，后来逐渐考虑观赏效果。

图 1-23　圣林遗址

在著名的阿波罗神殿周围有 60～100 米宽的空地，即当年圣林的遗址。以后，在圣林中也可以种果树了。在奥林匹亚的宙斯神庙旁的圣林中还设置了小型祭坛、雕像及瓶饰、瓮等，因此，人们称之为"青铜、大理石雕塑的圣林"。

第三种，学术园林，又被称为哲学家的学园。希腊哲学家，如柏拉图和亚里士多德等人，常常在露天公开讲学，尤其喜爱在优美的公园里聚众演讲，表明当时的文人对以树木、水体为主体的自然环境的酷爱。如公元前 390 年，柏拉图在雅典城内的阿卡德莫斯(Academos)园地，开设学堂，聚众讲学。阿波罗神庙周围的园地，也被演说家李库尔格(Lycurgue)做了同样的用途。公元前 330 年，亚里士多德学堂常在此聚会。

以后，学者们又开始另辟自己的学园。园内有供散步的林荫道，种有悬铃木、齐墩果、榆树等树林，还有覆满攀援植物的凉亭。学园中也设有神殿、祭坛、雕像和座椅，以及纪念杰出公民的纪念碑、雕像等。

## 1.2.2　文艺复兴前后的欧洲园林(15—18 世纪)

### 1. 文艺复兴前期的欧洲园林

佛罗伦萨是文艺复兴的发祥地。14 世纪初，毛纺织业成为支柱产业，资产阶级的阵营日益强大，美第奇家族在这一阵营中脱颖而出，并进入统治阶层。柯西莫·德·美第奇以及其长孙洛伦佐对艺术充满热爱，他们常常组织学者与艺术家的聚集，因此，佛罗伦萨成为学者、文人、美术家的活动中心，成为文艺复兴运动的前奏。

15世纪，建筑师阿尔博蒂在《Del Govomo della Familia》（《齐家论》）一书中崇尚别墅生活，并在1434年的《De Architectura》（《论建筑》）一书中，论述了自己理想中的园林：在正方形的庭院中，以直线将其分为几个部分，并将这些小部分造成草坪，使用长方形密生团状的植物，并修剪其边缘；树木无论是一行还是三行均须种成直线型；在园路的近端有凉亭；园路上应该有爬满藤蔓的圆石柱，为园路造成一片绿荫；在潺潺流水的山腰上造凝灰岩的洞窟，并在其对面设置鱼池、草地、果园和菜园。

案例1—8

## 费索勒的美第奇别墅

美第奇别墅位于费索勒，建于1458—1461年，据说，它是"文艺复兴时期真正第一个普里尼意义上的别墅"，如图1-24所示。美第齐别墅是美第奇家族"佛罗伦萨之父"的科西莫为其儿子乔万尼所建，它"被大胆置于面对费索勒山顶正下方的陡坡上，视野所及方圆数英里的广阔全景尽被纳入别墅之中"。诗人波利兹亚诺在这儿住了一段时间之后描述别墅："坐落在山峦的斜坡之间，我们这儿有丰富的水源、常新的柔和微风。当你接近别墅，它看起来像被树林深深环抱怀中，然而当你抵达，你发现它却将整个城市的景象尽现眼前。尽管邻近稠密，我仍能依照我的性情享受到令人满足的独居。"

图1-24　费索勒的美第奇别墅

乔万尼有收藏书籍和乐器的嗜好，因而，在美第奇别墅中有图书馆和单独的音乐室。图书馆的那些房间里，可看到佛罗伦萨的景致。别墅东边的凉廊，对着柠檬园，西侧凉廊向外保持完全开敞，与一个秘园相连接。从秘园和西侧凉廊中可俯视亚诺河谷和佛罗伦萨的全貌，菲利浦·布鲁尼斯大教堂的穹顶统率着整个天际线。一个开敞的露台沿房屋南面延伸并与秘园和西侧凉廊相接，从这里可俯瞰下面的花园——那儿有修剪成圆锥状的木兰树、草坪和黄杨绿篱。凉廊与下面的露台花园之间以坡道连接。由于花园和露台是以二分法在山腰间错开，从上面的露台观赏风景时层次很丰富，视线也不受花园的影响。

文艺复兴时期，美第奇家族几代的庄园都追求一种独特的人文风格，其特点是，不注重规模之大而注重隐逸亲切的生活情趣，并形成内涵丰富的造园艺术。这种造园艺术从相隔千年的古罗马知识分子小普里尼的书信中获得线索，使古罗马花园别墅艺术得到再现和发展，从而很大程度上影响了佛罗伦萨及意大利园林的复兴走向。

### 2．文艺复兴中期的欧洲园林

文艺复兴中期是鼎盛时期。

15 世纪末，美第奇家族衰落，法兰西国王查理八世入侵佛罗伦萨。此时的佛罗伦萨失去了商业中心的地位，随之文化基础受到影响，人文主义者逃离佛罗伦萨。罗马成为文艺复兴的中心地。

16 世纪，罗马成为文艺复兴运动的中心之后，教皇尤里乌斯二世提倡发展文化艺术事业，保护人文主义者，其最明显的体现就是修筑的教堂宏伟壮丽。

案例1—9

#### 梵蒂冈宫

梵蒂冈宫坐落于圣彼得广场的正对面，一直是教皇的居住地，经历了数百年的变迁几经改建。梵蒂冈宫内有宫室、大厅、礼拜堂等，宫内还设有一间小教堂——西斯廷教堂，过去一直是教皇私人用的念经堂。西斯廷小教堂内天花板和墙壁上的壁画都是由大名鼎鼎的米开朗基罗花费了四年的时间创作和绘画，内容以《圣经》里的故事为原型，栩栩如生，人物逼真写实，堪称艺术创作的稀世珍宝。著名的画作有《创世纪》《末日的审判》等。宫廷还配有一支教皇卫队——瑞士卫队，有 70 名全副武装的士兵、25 名士官、4 名军官、1 名牧师。

西斯廷小教堂长 40.5 米，宽 13.3 米，高 20.7 米，是公认的意大利文艺复兴时期的建筑杰作。

梵蒂冈宫(见图 1-25)作为世界天主教的核心地带，在宫殿设计和园林设计方面也具有很核心的意义。不管是室外的规划，还是室内的设计，对于宗教建筑来说都具有非常重要的意义。

图 1-25　梵蒂冈宫

总而言之，15 世纪文艺复兴文化是以佛罗伦萨为中心，由美第奇家族培育起来的；16 世纪的文艺复兴则是以罗马为中心，由罗马教皇创造的。

### 3．文艺复兴末期的巴洛克时期

15 世纪初，人文主义运动兴起了古代复兴活动，使别墅建筑以佛罗伦萨为中心兴盛。而 16 世纪以来，文化中心移至罗马，意大利式别墅庭院成熟。

庭园文化成熟之后，建筑与雕塑开始向奇异古怪的巴洛克风格转化，16 世纪末至 17 世纪初庭园进入巴洛克时期。

案例1—10

#### 伊索拉·贝拉庄园

伊索拉·贝拉庄园是现存唯一意大利文艺复兴时期的湖上庄园，如图 1-26 所示。位于罗米安群岛中第二大岛上，离马杰奥湖西岸有 600 多米。该庄园于 1632—1671 年建造，东西向长度为 175 米，南北向长度为 400 米，九层台地。

图 1-26　伊索拉·贝拉庄园

由西北角码头进入府邸前庭，主体建筑朝向东北，向南延伸长侧翼作客房及画廊，尽端是椭圆形下沉小院——狄安娜前厅。狄安娜前厅南面是半圆周形台阶，转入台地花园中轴。具备巴洛克式水剧场，顶层平台。

这座庄园是湖上庄园，远眺这座庄园看似一座小岛，它的园林建筑风格开始向巴洛克风格转化，非常具有研究意义。

综上所述，意大利文艺复兴的各个时期都有不同风格的园林景观，可以分为美第奇式园林、台地园林和巴洛克式园林三类。

### 1.2.3　英国自然式园林

当人类历史发展到近代，英国的造园活动成了欧洲规则式园林和自然式园林的分水岭，使它对欧洲，乃至世界园林景观发展起到了里程碑的作用。英国自然式园林的产生根植于社会土壤中，孕育于当时社会经济、哲学思潮和文艺思潮之中。它的发展主要受意大利文艺复兴园林的影响，在造园要素和造园手法方面出现了一些革新，后因英国国王亨利八世与罗马教皇决裂，使得法国文艺复兴园林成为英国人的样板。

随着人们对于园内活动的依赖，庭院的重要性日益凸显，豪华奢侈的花园成为各国君主们的炫耀品。

案例1-11

## 查兹沃斯庄园

查兹沃斯庄园(也称查茨沃斯庄园或达西庄园)是英国著名的府邸和庄园，坐落于德比郡层峦起伏的山丘上，德文特河从中间缓缓流过，如图 1-27、图 1-28 所示。

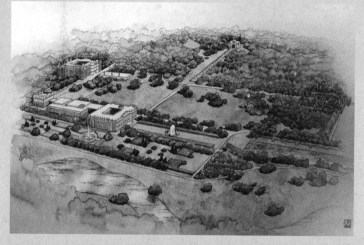

图 1-27　查兹沃斯庄园鸟瞰复原创作图

图 1-28　查兹沃斯庄园的庭院瀑布

丹麦雕塑家加布里埃尔·西贝尔于1688—1691年间在查兹沃斯庄园完成了许多雕塑作品，著名的海马喷泉就是其中的代表作。喷泉四周由整过形的鹅耳枥树篱围合，体现了早期领导造园潮流的意大利风格。

1707—1811年，二世公爵至五世公爵接管庄园。在此期间，查兹沃斯庄园受庄园园林化运动的影响，逐渐转变为自然风景式造园。二世公爵在位的最初20年间，查兹沃斯庄园基本没有进行大的建设和改变，直到三世公爵时期，建筑师坎特绘制了梯式瀑布以及山坡等的改建方案。四世公爵在位期间，园林大师兰斯洛特·布朗大力提倡模仿自然景色的园林风格，用浪漫主义风格的手法彻底改变了庄园的结构，新改建的庄园于1760年完成。布朗拆毁了大量的直线型的元素，取而代之的是开阔的草坪和自然曲折的线条。

布朗将梯式瀑布西线有喷泉点缀的几何式花园改建为索尔兹伯里草坪。草坪的单调和空洞用树丛来弥补，间或出现的浓荫使景色富有变化，并充分利用自然地形的起伏，形成连绵的小丘、曲折的山路、溪流和池塘，最终形成史诗般的大气风格。查兹沃斯庄园周边的整座村庄也由于布朗对于目力所及范围内极度纯净的追求，而被迫迁移到庄园视野之外，这也是如今查兹沃斯庄园领地的美丽山林范围内没有人烟的原因。

1811—1835年，六世公爵掌管查兹沃斯庄园，至1820年爱好园艺的六世公爵已在其德比郡的领地上栽植了多达1 981 065株的林木。这一时期，查兹沃斯庄园在造园风格上并没有产生新的潮流和变化，因此，庄园的发展重心开始转移到花卉的栽培上，现代园艺的技术成果被大量引入。

查兹沃斯庄园的发展史很重要，它见证着英国4个世纪的政治、经济、思想、文化等变化，不仅是英国园林发展的历程，也是英国社会发展的轨迹。同时在不同时期追寻不同国家的造园风格，拥有着多种国家园林的足迹。英国自然风景式园林的出现，是欧洲园林艺术领域里一场深刻的革命，它一反欧洲以规则式为主导的造园传统，彻底颠覆了西方传统的古典主义美学思想，将自然美视为园林艺术美的最高境界。

16世纪，英国造园家尝试将意大利、法国的园林风格与英国传统造园风格相结合，摆脱城墙和沟壑的束缚，追求更大的空间。这个时期的园林基本都是出自本土设计师的作品，主要模仿欧洲大陆的造园样式，并表现出了对花卉的极大热爱。

都铎王朝时期，本土设计师波尔德·安德烈于1540年出版了《住宅建筑指导书》，托马斯·希尔于1557年出版了《迷园》，1563年出版了《园林的实效》，这几本著作都是关于庭园设计要素的介绍。

从历史的发展来看，英国自然式园林主要经历了以下几个时期。

(1) 庄园园林化时期。这是英国园林的第一个阶段。具体有以下特点：首先，因地制宜，努力寻找"当地的灵魂"，力图改变古典主义庄园千篇一律的形象，使园林有环境特征；其次，使用干沟——"哈哈墙"来取代围墙分割花园、林园和牧场；最后，使园林兼具牧场的功能，降低了几何式花园的经济负担。

(2) 画意式园林时期。18世纪浪漫主义的风行催生了画意式园林的产生，它具有以下几个特点：首先，建造哥特式建筑模仿中世纪风格的废墟、残迹；其次，乐于使用茅屋、村舍、山洞作为造园元素，使园林具有不规则之美；最后，采用具有异域风情的元素，如英国的邱园中的中国式塔。

（3）园艺派时期。随着英国资本主义殖民的扩张，世界各地的花卉陆续传入，园艺派的园林风格逐渐形成。在该时期，玻璃温室开始出现在自然风景园林中，不同形状的花坛也开始出现在英国园林中。这种园林逐渐成为主流，并影响 20 世纪的世界园林。

英国的园林不像中国的园林源于自然高于自然，而是追求田园风，主要以宫苑园林、别墅园林、府邸花园的形式存在。代表作分别为邱园、布伦海姆风景园；查兹沃斯园、斯陀园；霍华德庄园、斯图海德庄园。

## 1.2.4　法国园林

法国园林萌芽于罗马高卢时代，约在公元 500 年，法兰克人在文献中第一次提到供游乐的园子，文献中对园子中的果树、蔬菜等有相关描述，这种以实用为主的法国园林就是法国园林的萌芽。虽然随着人类历史的推演，园林中增加了观赏植物的品种，但直至 12 世纪之前，受社会经济和文化的制约，园林一直处于萌芽状态。

中世纪时期，法国园林中开始种植蔬菜和果木，并出现了水井及长满攀援植物的亭子及鱼池，此时的法国园林开始出现了发展态势。图 1-29 为法国中世纪庭院图例。

**图 1-29　法国中世纪庭院**

12 世纪之后，法国出现了沿用至今的法式迷宫，不管它当时代表的历史意义如何，我们可以看出这一时期造园技艺有所提高，造园内容更加丰富。

文艺复兴运动使法国造园艺术发生了巨大的变化，16 世纪上半叶，继英法战争之后，法国又发动了侵略意大利的战争，虽然他们的远征失败，但接触了意大利的文艺复兴文化，受意大利文化影响深刻，对造园艺术有一定的影响。这一时期，古典雕塑、图案式花坛、岩洞、意大利式台地园开始盛行。

随着中央集权的加强，园林艺术也发生了变化。首先表现在建筑上，形成庄重、对称的格局，园林的观赏性增强，植物与建筑的关系也较为密切，园林的布局以规则对称为主，这一切主要是受意大利造园的影响，比较有名的有阿内府邸花园、凡尔耐伊府邸花园。

案例1—12

## 卢森堡皇家公园

法国卢森堡皇家公园是一座典型的法国花园，花坛簇拥，花草修剪整齐；雕像环绕，造型风格各异。卢森堡皇家公园，现在对公众开放，成为巴黎最大、最著名的公园。

在法国园林中，卢森堡公园的中心部分最接近文艺复兴时期意大利大兴庄园的风格。英格兰式风景园林兴盛时期，花园中的一部分又被改造成风景园，其余的部分也一点点的像丢勒里花园一样，形成一些由林荫道围成的方块，面积或大或小，里面甚至是简单的草坪。但是，至今花园中仍保留着水渠园路以及美丽的泉池、构图十分简洁的大花坛及两个半圆形台地。

卢森堡公园是法国第一座与高大建筑连在一起的公园，为典型的法式公园，如图 1-30 所示。整个卢森堡公园向四面八方敞开，园中的道路是平直的，整体规划整齐划一，园林设计构成鲜明的几何图形，回廊、花圃、雕像都是左右对称的。

图 1-30　卢森堡公园(谷歌地图)

中国的园林讲求山水的点缀，而欧洲的园林则注重线条的整齐。欧洲公园里的路是通阔的，公园内多栽种极高的乔木，长成林子，巍然而立，增加了视觉的通透性，如图 1-31 所示。中央水池和花坛周围有大量的空地。所以说欧洲公园内很难找到曲径通幽的意趣。

图 1-31　卢森堡公园

17 世纪，法国的路易十四建立了古罗马帝国以后欧洲最强大的君权。伏尔泰说："这是一个伟大的时代。一切的存在，其首要任务就是荣耀君主，一切科学、文学、艺术、建筑，乃至城市规划，园林建设都必须为君主政权服务。"

这一时期，欧洲各国向法国学习一切，从文学、艺术，直至生活方式。正是在这样的历史条件下，到 17 世纪下半叶，法国园林艺术形成了鲜明的特色，产生了成熟的作品。这一时期的领军人物是勒·诺特尔。

18 世纪中叶，法国资产阶级崛起，随着海外贸易的开展，大量工艺品流入法国，东方文化影响着法国的造园活动。18 世纪中下叶，启蒙运动的思想再次影响着法国的造园活动。

21 世纪现代法国园林景观形成。现代景观反对模仿传统的模式，追求的是空间上的设计，而并不是形式和图案。而功利主义成为法国园林景观的目的，最终影响到人类的使用。

# 本 章 小 结

每一种园林形态都是根植于一种社会形态的，梳理中外园林史会发现，中外园林尤其是经典之作都会体现当时的文化思潮和生产力水平。中外园林史是园林专业的主要专业课之一，开设本课程的目的是培养学生对园林艺术的领悟力，能够古为今用、洋为中用，为今后的规划设计打好坚实的基础。通过本章的学习，要求学生系统地掌握世界造园三大系统及各个流派的艺术特征，了解中外历史名园，提高专业素养。

课程思政

在学习中外园林景观发展的相关内容中，要坚持以党的旗帜为旗帜，以党的意志为意志，深入宣传党的主张，准确领会和解读党和国家政策，在思想上、政治上、行动上同以习近平同志为核心的党中央保持高度一致。自觉遵守政治纪律、宣传纪律、工作纪律，守规矩、听招呼、有底线，做到党中央提倡的坚决响应、党中央要求的坚决照办、党中央禁止的坚决不做。保持高度的政治坚定性和鲜明的战斗风格，敢于同各种错误的思想作斗争。

1. 中国古典园林的发展轨迹是什么？哪个阶段对世界园林景观影响最大？
2. 中国古典园林的美学特点有哪些？
3. 古典园林的分类是什么？
4. 以意大利、法国、英国为例，列举各国的园林景观发展历程。

实训课题：中西古典园林造园哲学的比较。

(1) 内容：以"中西古典园林造园哲学的比较"为题，写一篇论文。

(2) 要求：学生以个人为单位，围绕课题，通过查阅相关图书、浏览网页等形式进行调查，了解中西古典园林造园的比较；不少于3000字，需图文并茂。

# 第 2 章

## 园林景观设计概述

学习要点及目标

● 掌握园林景观设计的概念、内容及目的。
● 了解中国园林与世界园林的异同。
● 了解中国园林与英国园林、日本园林的异同。

本章导读

关于园林景观设计,我国著名科学家钱学森先生在 20 世纪有过一系列的理论,例如,1958 年 3 月他发表了一篇文章《不到园林怎知春色如许——谈园林学》。到 1999 年年末,钱学森先生已经对园林景观及城市学进行了较深的学理研究,表现出老一辈科学家对中国城市、建筑、园林的关注,并为中国的园林景观设计指明了方向。园林景观具有丰富的内涵及社会价值,它不是单纯的观赏品,例如,园林中的植物对环境有一定的净化作用,再比如,园林中可以举办各种丰富多彩的文化活动。因此,掌握园林景观的概念、作用,有助于了解现如今中国园林景观设计的规律,对我们现在的设计工作进行有效的指导。

## 2.1 园林景观概述

### 2.1.1 园林的概念

园林,是指在一定的地域,运用工程技术和艺术手段,通过改造地形、种植树木花草、营造建筑和布置园路等途径创作而成的具有美感的自然环境和游憩境域。

案例2—1

### 英国伦敦的邱园

位于伦敦西部泰晤士河畔的邱园(见图 2-1、图 2-2),是英国最大的植物园,即皇家植物园。英国宫廷建筑师威廉·钱伯斯(William Chambers)于 1758—1759 年负责邱园的工作。钱伯斯欣赏中国建筑及园林设计,于是在邱园中建设了一座中国式塔(见图 2-3)。这座八角形的砖塔共 10 层,高约 50 米。钱伯斯在 1742—1744 年间曾到过广州,他参观了当地岭南风格的园林和建筑,并将一些庙宇和宝塔用素描的形式准确地记录下来,回国后出版专著予以介绍。此塔是当时欧洲仿建得最准确的中国式建筑,塔身装饰彩色琉璃,五彩缤纷,曾在欧洲轰动一时,成为其后许多地方中国式塔的模仿对象。

钱伯斯设计的邱园虽然使用了中国式建筑的元素,但在形式上看,它完全符合英国园林的特点:草坡沿自然的地形起伏,一片片树丛外缘清晰,没有围墙,视线开阔,是典型的英国式自然园林。

图 2-1　邱园一景

图 2-2　邱园中的温室

图 2-3　邱园中的中国式古塔

关于园林的定义，很多园林界老前辈、专家都有精辟的论述和详细的分析。

著名古建筑、园林艺术专家陈从周教授对园林的解释是："中国园林是由建筑、山水、花木等组合而形成的一个综合艺术品，富有诗情画意。叠山理水要造成虽由人作，宛自天开的境界。"这个定义简洁而抽象，概括出中国式园林是综合艺术品，也解释出了园林的精髓，如图2-4、图2-5所示。

图2-4　中国园林的典范——苏州园林

图2-5　中国古典园林叠山理水的艺术

著名园林专家孙筱祥教授对园林的定义是："园林是由地形地貌与水体、建筑构筑物和道路、植物和动物等素材，根据功能要求、经济技术条件和艺术布局等方面综合而成的统一体。"这个定义全面、详尽地提出了园林的构成要素，也道出了包括中国园林在内的世界园林的构成要素。

案例2—2

**美国加利福尼亚州的费罗丽花园**

距今一百年前，在美国加利福尼亚州，威廉•波恩和他的妻子艾格尼丝为他们16英亩(约合97亩)的花园取了独特的名字——费罗丽花园(见图2-6)。654英亩(约合3970亩)的宏伟宅邸紧邻伍德赛德小镇，宅中树木茂盛，植有丰富的耐寒灌木和花卉，是19世纪末典型的意大利风格的园林。

图 2-6　费罗丽花园

费罗丽花园除了它的奢华之外最吸引人的就是园林布景及植物的选择，正如上文中孙教授对园林的定义一样，这座典型的意大利风格的园林从功能要求、经济技术条件和艺术布局上不仅体现了园林主人的身份与修养，还体现了这三种元素是园林景观不可或缺的构成要素。

破解了中国古代建筑史的诸多难题的杨鸿勋教授曾对园林下的定义为："在一个地段范围内，按照富有诗情画意的主题思想精雕细刻地塑造地表(包括堆土山、叠石、理水)、配置花木、经营建筑、点缀驯兽(鱼、鸟、昆虫之类)，从而创造出一个理想的自然趣味的境界。"张家骥教授对园林的定义是："园林，是以自然山水为主题思想，以花木水石、建筑等为物质表现手段，在有限的空间里，创造出视觉无尽的、具有高度自然精神境界的环境。"

诸位学者对园林的概念作了简单而精准的概述，然而，现代园林包括的不仅是叠山理水、花木建筑、雕塑小品等，还包括新型材料的使用、废品利用、灯光的使用等方面，使园林在造景上必须是美的，要在听觉、视觉上有形象美。

## 2.1.2　园林的分类及功能

从布置方式上说，园林可分为三大类。

(1) 规则式，代表是西方园林(例如意大利古典园林、法国台地园林)，还有中国的皇家园林。

(2) 自然式，代表为中国的私家园林苏州园林、岭南园林。以岭南园林为例，建设者们虽效法江南园林和北方园林，却能将精美灵巧和庄重华缛集于一身，园林以山石池塘衬托，更结合南国植物配置，并以自身建筑的简洁、轻盈布置其间，形成岭南庭园的畅朗、玲珑、典雅的独特风格，如图2-7所示。

图 2-7　岭南园林

(3) 混合式，混合式园林是规则式和自然式的搭配。

案例2—3

**绿色园林新趋势：城市建筑的垂直花园**

　　随着人们对于艺术的追求，园林景观艺术开始向多种类发展，在国外又有一个新分支——垂直花园出现，这种花园的出现也更好地解释了混合式园林的出现与发展，如图 2-8、图 2-9 所示。

图 2-8　园林的新趋势：垂直花园

图 2-9　雅典娜神庙饭店的垂直花园

垂直花园由三部分组成：一个钢架、一个 PVC 层和一个毡层。钢架固定在墙体上或者可以站立，它可以提供隔热和隔音系统；1 厘米厚的 PVC 片被固定在钢架上面，这种构筑能增加坚固度并起到防水作用；毡层是用聚酰胺材料钉在 PVC 层上面，起到防腐蚀的作用，同时，这种类似毛细血管功能可以起到灌溉的作用。

垂直花园在现代城市景观中引起了越来越多人的重视，分析起来，它具有以下几点优势：首先，在任何地方都可以使用；其次，可以改善空气质量；最后，可以绿化环境。

从开发方式上说，园林可分为两大类：一类是利用原有自然风景，去芜理乱，修整开发，开辟路径，布置园林建筑，不费人事之工就可形成的自然园林。如第 1 章中提到的王维的辋川别业是将私家别墅营建在山林湖水之胜的天然山谷区。另一类是人工园林，是人们为改善生态、美化环境、满足游憩和文化生活需要而创造的环境，如小游园、花园、公园等。如今，随着人们生活水平的提高，很多花园式住宅也开始向美观与艺术方向发展，也逐渐成为人工园林的一部分。

知识拓展

按照现代人的理解，园林不只是作为游憩之用，而且具有保护和改善环境的功能。植物可以吸收二氧化碳，放出氧气，净化空气；能够在一定程度上吸收有害气体和吸附尘埃，减轻污染；可以调节空气的温度、湿度，改善小气候；还有减弱噪声和防风、防火等防护作用。尤为重要的是园林在心理上和精神上的有益作用。游憩在景色优美和安静的园林中，有助于消除长时间工作带来的紧张和疲乏，使脑力、体力得到恢复。园林中的文化、游乐、体育、科普教育等活动，更可以丰富知识和充实精神生活。

### 2.1.3 景观的概念

景观(landscape)一词最早的记载是出现于旧约圣经之中，是指城市景观或大自然的风景。15 世纪，因欧洲风景画兴起，"景观"成为绘画的术语。18 世纪，"景观"与"园林艺术"联系到一起。19 世纪末期，"景观设计学"的概念广为盛传，这使"景观"与设计紧密结合在一起。

不同的时期和学科对"景观"的理解不甚相同。地理学上，景观是一个科学名词，表示一种地表景象或综合自然地理区，如草原景观、生物景观、建筑景观等，如图 2-10～图 2-12 所示；艺术家将景观视为一种艺术的表现，比如，风景建筑师将建筑物的配景或背景作为艺术的表现对象；生态学家把景观定义为生态系统。有人曾说："同一景象的十个版本"，可见，即使同一景象，不同的人对其都有不同的理解。

图 2-10　草原景观

图 2-11　生物景观

图 2-12　建筑景观

按照不同人对"景观"的不同理解，景观可分为自然景观和人文景观两大类型。自然景观包括天然景观(如高山、草原、沼泽、雨林等)，人文景观包含范围比较广泛，如人类的栖居地、生态系统、历史古迹等。随着人类社会对自然环境的改造及漫长的历史过程的积淀，自然景观与人文景观已经有了互相融合的趋势。

景观是人所向往的自然，景观是人类的栖居地，景观是人造的工艺结晶。景观是需要科学分析方能被理解的物质系统，景观也是有待解决的问题。景观是可以带来财富的资源，景观也是反映社会伦理、道德和价值观念的意识形态。景观是历史，景观是美。

总之，景观最基本、最实质的内容还是没有离开园林的核心。追根溯源，园林在先，景观在后。园林的形态演变可以用简单的几个字来概括，最初是囿和圃。圃就是菜地、蔬菜园；囿就是把一块地圈起来，起初，将猎取的野生动物圈养起来，随着时间的发展，囿逐渐成为打猎的场所。到了现代，囿有了新的发展，有了规模更大的环境，包括区域的、城市的、古代的和现代的。

## 2.1.4　园林景观的发展与意义

社会的发展与景观的发展密切相关，社会的经济、政治、文化的现状及发展对景观的发展都有深刻的影响。例如，历史上的工业革命给社会带来了十足的进步，也给景观的内容及发展带来了巨大的发展，促使着现代景观的产生。可见，社会的发展、文化的进步能够促进园林景观的发展。

然而，随着社会的发展，有很多能源危机和环境污染的问题出现，无节制的生产方式与人们生活水平及综合素质的提高，人们对生存环境的危机感逐渐增强，于是环境保护成为普遍的意识，从而更加注重景观的环保意义。因此，社会结构影响着景观的发展，而景观的发展也影响着社会的发展，因此，两者是相互发展、相互作用的。

现代园林景观以植物为主体，结合石、水、雕塑、光等进行设计编排，营造出符合人类居住的、空气清新的、具有美感的环境，如图2-13所示。

图 2-13　园林景观与住宅

园林景观的意义，首先在于景观满足社会与人的需求。今日的景观在当代城市中已经非常普遍，并影响着人们生活的方方面面。现代景观为了人的需要，这是其功能主义的目标。虽然，如今的景观多种多样，但景观设计最终关系到人的使用，因此，景观的意义在于为普通人提供实用、舒适、精良的设计。

其次，现代园林被称为"生物过滤器"。工业生产的过程中，环境所承受的重担越来越大，很多气体，如二氧化碳、一氧化碳、氟化氢等，会对人的身心健康造成一定的威胁。现代园林绿化面积较大，国外的研究资料显示，公园能过滤掉大气中80%的污染物，林荫道的树木能过滤掉70%的污染物，树木的叶面、枝干能拦截空中的微粒，即使在冬天落叶树也仍然保持60%的过滤效果。

最后，现代园林能够改善城市小气候。所谓小气候，是指因地层表面的差异性属性所形成的局部地区气候。其影响因素除了太阳辐射之外还有植被、水等因素。有研究发现，当夏季城市气温为27.5℃时，草地表面温度为22～24.5℃，比裸露地面低6～7℃。到了冬季绿地里的树木能降低风速20%，使寒冷的气温不至降得过低，起到保温作用。

北欧国家及德国的设计师已在全球树立了榜样，在那里，景观的社会性是第一位的，日常生活的需要是景观设计的重要出发点，设计师总是把对舒适和适用的追求放在首位，设计不追求表面的形式，不追求前卫、精英化与视觉冲击效果，而是着眼于追求内在的价值和使用功能。这种功能化的、朴素的景观设计风格(见图2-14)应该赢得人们的尊敬。

图 2-14　北欧住宅门前的绿地

## 2.1.5　园林景观设计的目的

园林景观设计的最终目的是保护与改善城市的自然环境,调节城市小气候,维持生态平衡,增加城市景观的审美功能,创造出优美自然的、适宜人们生活游憩的最佳环境系统。园林从主观上说是反映社会意识形态的空间艺术,因此它在满足人们良好休息与娱乐的物质文明需要的基础上,还要满足精神文明的需要。

随着人类文明的不断进步与发展,园林景观艺术因集社会、人文、科学于一体,而不断受到社会的重视。

园林景观设计的目的在于改善人类生活的空间形态,园林景观通过改造山水或者开辟新园等方法给人们提供多层次、多空间的生存状态,利用并改造天然山水地貌或者人为地开辟山水地貌,结合建筑的布局、植物的栽植从而营造出供人观赏、游憩、居住的环境。

总之,园林景观设计的目的是园林景观设计师及建筑师通过某些具体的形象来揭示人类社会和自然的本质。

案例2—4

### 北京园博会大师园之皮特·沃克花园

皮特·沃克花园包含两面平行的镜墙以及墙之间的一排树列,在每面墙的外侧布置了一系列环形辐射状的模纹绿篱,这些绿篱环与两道垂直于镜墙的树列相交叉,将参观者放于一个看似幽闭却又虚实相间的环境中,能够传递出丰富无垠的绿色,如图2-15所示。

镜子的使用总能使空间变得虚实相间,在本案例中,设计师用了镜墙这一元素布局出多层次的虚实相间的绿色。

图 2-15　北京园博会大师园之皮特·沃克花园效果图

　　园林景观设计将植物、建筑、山、水等元素按照点、线、面的集合方式进行安排，设计师借助这一空间来表达自己对环境的理解及对各元素的认识，这种主观的设计行为目的是让人们有更好的视觉及触觉感受。

　　景观设计的手法多种多样，不拘一格，要的更多是引起人类的思考，带给人们美好的事物。

## 2.2　中国园林与世界各国园林的异同

　　园林是人们在改造自然、利用自然时，应用美学认识和对园林技术的掌握的集中体现。然而，关于美学和哲学思辨，由于历史、地域、文化、社会、经济等不同，历史上各文明体系与各个民族对此都有不同的解读。因此，当人们进行造园活动时，就产生不同国家、不同民族、不同风格的不同园林。

　　经过数千年的发展，最终形成了东方、伊斯兰、欧洲三大园林体系(见图 2-16～图 2-18)，每个体系都是各文明体系的体现，也为人们了解不同文明体系起到了促进作用。

图 2-16　东方园林示例

图 2-17　伊斯兰园林示例

图 2-18　欧洲园林示例

　　水口园林具有如下特点：以水口关锁缠绕、变化多端的真山真水为基础，因地制宜，就地取材，建筑质朴、山水天然，如歙县唐模村的徽州水口园林"檀干园"、棠樾的"西畴"以及黟县宏村的"南湖"。水口的建造关注空间尺度关系，追求山水相依、刚柔相济、天人合一的均衡、和谐的效果，使水口景观要素(桥、树、亭、塘等)在空间序列中能较好地获得回转曲折、顾盼有情的蜿蜒的动态美感。

## 2.2.1　东西方园林风格的比较

　　东方园林以含蓄、内秀、恬静、淡泊、自省为美，重在情感上的感受和精神上的领悟。哲学上追求的是天人合一的境界，追求人与自然的和谐统一。将自然界中的客观存在按照形状、

43

比例等进行组合，可以看出，东方园林以对自然的主观把握为主。

东方园林在空间上追求峰回路转、无穷无尽的境界，是一种模拟自然、追求自然的"独乐园"。如日本的园林将禅宗的修悟渗入一草一木中，所谓"一花一世界，一树一菩提"，将这种抽象的话语融入可以直接感受的园林中，超乎了人与自然的默契，这就是古典园林的诗情画意。东方园林的含蓄与掩藏妙在"身心尘外远，岁月坐中忘"的境界；东方园林的含蓄亦精在曲折幽深、小中见大，因而有"遥知杨柳是门外，似隔芙蓉无路通"的境界。

西方园林以开朗、活泼、规则、严谨、对称、整齐为美，古希腊哲学家就以"秩序"为美，经过人工造型的植物才是美的，因此，在西方园林中，随处可见修葺整齐的植物和道路。中轴线对称、别墅、修葺整齐的花木和道路、雕塑、喷泉等都是西方园林的特点。西方园林讲求一览无余，追求图案的美、人工的美，追求改造自然和征服自然的美，大多是一种开放的形式，是供多数人享乐的"众乐园"。

总之，东方园林是重自然的、写意的、直观的，有"言有尽而意无穷"之意；而西方园林基本是写实的、理性的、客观的，将一种理性的秩序感纳入造园活动中，体现了严谨的科学思想。

### 2.2.2 中英园林的相似与差异

通过对上述两种园林的发展历程的对比研究可以分析中国自然山水式园林与英国自然风景式园林的相似特征。

中英两国园林的相似之处如下。

(1) 从造景的构成元素来看，中英两国的园林造景都离不开山、水、植物。中国园林的水景是中国自然山水式园林的主景之一，其聚散、开合、收放、曲直都极有章法。植物以观形为主，用石则讲究"瘦、漏、透、皱"。既可以一两种元素为主体成为主景，也可以三者结合，成为组景，如图 2-19 所示。英国自然风景式园林常常将水体结合地形，造成两岸缓缓的草坡斜侵入水的美景。英国园林中的植物以树丛与大面积的草地为主，注重树丛的疏密、林相、林冠线、林缘线结合地形的处理。而山石的利用虽不如中国自然山水式园林中那么多，但也有适当的运用和点缀。

图 2-19　水景、植物、石组成的中国园林小品

（2）从艺术法则方面看，中国园林与英国园林都"源于自然，高于自然"。中国景观艺术的根本艺术法则主要来源于道家的"道法自然"。受这种思想的影响，中国的造园艺术从一开始就视自然为师为友。然而，中国自然山水式园林绝非一般地利用或简单地模仿山、水、植物等构景要素的原始状态，而是有意识地加以改造、调整、加工、剪裁，从而再现一个精练、概括的自然。英国自然风景式园林的设计中，也同样强调"源于自然，高于自然"的观念。设计均是以崇尚自然，讴歌自然，赞叹造物的多样与变化为美学目标，如图 2-20 所示。同时，英国的造园家也深知适当地去修饰自然的重要性。英国皇家植物园的设计师钱伯斯认为，自然需要经过加工才会"赏心悦目"，对自然要进行提炼修饰，才能使景致更为新颖。

图 2-20　英国著名的园林景观布伦海姆宫一景

（3）关于情感的表达，中国的造园家通过园林来表达对生活的感悟及政治理想的失意，无论是伤感还是喜悦。而英国园林中崇尚自然的理念。远处片片疏林草地，近观成片野花，曲折的小径环绕在丘陵间，木屋陋舍点缀其中的景象都透漏出一种渴望阳光、亲近大自然的美好情感。

（4）关于诗画对园林景观的影响。人们都喜欢用诗情画意来形容中国园林的美。的确，在我国传统园林的发展中，园林艺术和它的左右近邻——山水画和田园诗文建立了密切的关系。"诗情画意"是中国园林的精髓，也是造园艺术所追求的最高境界。英国自然风景式园林的发展也离不开绘画，许多园林以绘画为蓝本。从肯特到布朗、钱伯斯等人，他们的设计都受到绘画的影响，甚至有些造园家本身就是一个画家。

然而，由于历史文化的不同，中国自然山水式园林与英国自然风景式园林也存在相当大的差异，本质上说，中、西自然风格的园林仍然是两种完全不同风格的园林艺术。总的来说，"自然"在这两种园林中体现出不同的性格，即：中国自然山水式园林是一种内向的自然，英国自然风景式园林是一种外向的自然。

（1）从对自然的改造程度上看，"源于自然，高于自然"，是中国自然山水式园林的总的艺术法则。中国的园林有意识地对自然加以提炼、加工、改造，从而再现一个精练、概括的自然，典型化的自然。而英国园林的造园艺术则表现为"顺应自然，改造自然"。大部分的自然风景式园林只是充分利用自然界原有的地形、地貌以及植物、建筑，对不大和谐的地方进行适当改造，以保证景象的高度完美。

(2) 从园林功能上看，中国园林一直都拒绝功利主义的倾向，虽然园林建设有休息和娱乐的目的，但中国园林的功能一直以来都是少数文人精神自我满足的场所，物质功能从未成为中国园林的重要功能。相反，英国人很快就注意到把花园变成实用的场所，牧场、果蔬的种植等都成为英国园林的功能。与中国园林相比，英国园林的服务对象更广泛，也更具开放性和公众性。

同属不规整的自然式园林，中式是一种写意自然，更富想象力。英国自然风景式园林，则是一种本色自然，更舒展开阔与真切生动。中国古典园林的本意在纳自然万象于咫尺之中。为此，对自然景物必须要有相当程度的抽象，才能体现出自然的韵味。但中国私园中却大量使用巨石大树，致使抽象写意的原旨大大削弱。

从以上的分析可知，中国自然山水式园林与英国自然风景式园林虽然都属于风景式园林，在总的美学原则上有很多相近的地方，然而在园林的具体形态上却产生了如此本质的区别。

归根结底，这种区别是由于中、英两国不同的政治经济制度和生产力发展特点造成的。通过对这两种园林的比较和分析，我们可以从中得到一些体会，这种风格园林的造园艺术在今天也有很多值得借鉴和学习之处，我们可以充分吸收其精华和优点，运用到现代景观设计中去。

### 2.2.3 中日园林差异

相对于其他国家的园林，中国园林与日本园林同属于东方园林体系，其中的差别相对较小，但由于中日两个国家的地理环境及民族习惯的差异，中日两国有着相对较大的文化差异。汉代时期，中国文化开始输入日本，在唐朝达到顶峰。在中国文化不断输入日本的历史过程中，日本人将自己的民族文化与中国的先进文化进行融合，以期适用于本国的生存环境。在今天，日本的文字、宗教、文学、绘画、茶道、剑道等无不透露着中国文化的影子，又有日本本族文化的个性，园林景观艺术也不例外，如图2-21所示。

图 2-21　日本古典园林景观

知识拓展

日本园林历史悠久，公元 6 世纪，中国园林随佛教传入日本。飞鸟、奈良时代(公元 593—794 年)是中国式山水园林的舶来时期，平安时代(794—1192 年)是日本式池泉园的"和化"期，镰仓、室町时代(1185—1573 年)是园林佛教化时期，桃山时代(1573—1603 年)是园林的茶道化时代，江户时代(1603—1868 年)是佛法、茶道、儒意综合期。

(1) 中日两国的环境不同。从国土上看，中国大部分地区属于内陆，日本属于海岛。两者各成陆地文化和海洋文化。因而，在园林取景上表现为中国山多水少的特点，如中国的皇家园林，虽然规模较大，但也是以建筑多、水体少为特点，如图 2-22 所示。

图 2-22　中国皇家园林(承德避暑山庄)

日本由于陆地面积狭小，岛上山地多平原少，在接受中国文化之后，日本园林也选择了以山水为骨干的形式，但由于日本四面环海，日本园林在发展中也有了自己的海洋型、水路型的形式。日本园林的本质是"池泉式，以池比拟海洋，以石比拟矶岛，泉为水源，池为水象，池泉为基础，石岛为点缀，舟桥为沟通"，如图 2-23～图 2-25 所示。

(2) 中日两国园林的类型比较。中日两国的古典园林都分为皇家园林、私家园林和宗教园林三类。中国皇家园林的指导思想是为皇室提供宴游、狩猎的场所时不忘体现帝王的威严和等级的森严，故而庄重、典雅、华贵等。中国的私家园林则以江南园林为代表，其面积较小，文人意味浓厚。中国的宗教园林个性最不明显，大多是宗教与儒家结合。

日本的皇家园林起于飞鸟时代，奈良和平安时代的作品以轴线式和中心式为主，代表有京都的桂离宫、仙洞御所、修学院离宫、京都御所庭院四大名园。具有小山小水、茅茨草屋、不施粉黛、树多屋少、土桥平桥等特点。日本的私家园林以武家园林为主，与中国的文人园林不同，这种私家园林面积大、建筑体量大、立石规模也大，园林整体开阔疏朗。日本的宗教园林风格明显，讲究禅思枯意，在形象和手法上有较为独特的枯山水庭院。

图 2-23　海洋型、水路型(池泉式)的日本园林(1)

图 2-24　海洋型、水路型(池泉式)的日本园林(2)

图 2-25　海洋型、水路型(池泉式)的日本园林(3)

(3) 中日两国园林造园手法的差异。东方园林讲究天人合一，然而在这理念中，就体现出了中日园林在思想上不同的追求。中国园林建筑多，体量大；日本园林建筑少，体量小。中国园林装饰华丽，讲究工艺精巧；日本园林极力尊重自然。中国园林用较厚重围墙与外界阻隔；日本园林则较少使用围墙，或使用虚和薄来轻描淡写。总之，中国园林在天人合一的关系上，较多体现的是人的成分，而日本园林更加强调自然的成分。

中日园林既相似又各有千秋，是建立在东亚文化基础底蕴上的两朵奇葩。中国园林代表的是天人合一的精神境界，日本园林追求的是佛人相映的禅学意味。虽然两种园林中的景观因地域区别、思想风格迥异、造园手法差异而有差别，但展现了两国不同风格的园林艺术。

总之，两国园林都具有摹绘自然又超越自然的特质，其特征就是将万木峥嵘、四时变幻、百鸟争鸣的自然山水通过概括、提炼和抽象再现于园林中，并在园林中创造出各种理想的意境，形成了园林所独有的写意特征。

# 本 章 小 结

园林景观就是在一定的地域范围内，运用园林艺术和工程技术手段，通过改造地形、种植植物、营造建筑和布置园路等途径创造美的自然环境和生活、游憩境域的过程。通过景观设计，使环境具有美学欣赏价值、日常使用的功能，并能保证生态可持续性发展。在一定程度上，体现了当时人类文明的发展程度和价值取向及设计者个人的审美观念。

根据不同民族不同地域的特殊性，各民族各国家都有不同风格的园林景观，经过与英国、日本等国的对比，不断明确中国古典及现代园林景观的特质，有助于园林景观设计师更加明确自己的设计方向及设计风格。

课程思政

本章内容涵盖园林景观概述及中国园林的特点，在学习这部分知识时，一是要注意高举旗帜、引领导向，围绕中心、服务大局，团结人民、鼓舞士气，成风化人、凝心聚力，澄清谬误、明辨是非，联接中外、沟通世界，要承担起这个职责和使命，必须把政治方向摆在第一位；二是要彰显个人的爱国、敬业、诚信、友善修养，自觉把小我融入大我，不断追求国家的富强、民主、文明、和谐。

思考练习题

1. 在现代人的理解中，园林有哪些实际的意义？
2. 园林景观的设计意义是什么？

3. 东西方园林的设计风格有什么异同？

4. 中国园林同英国园林在艺术法则方面有何异同？

实训课堂

实训课题：中国园林景观与世界各国园林景观的案例调查。

(1) 内容：以"中国园林景观与世界各国园林景观"为调查中心，最少列举4个案例，明确中国园林景观与世界园林景观的异同。

(2) 要求：学生以个人为单位，围绕课题，通过查阅相关图书、浏览网页等形式进行调查，了解中国园林景观与世界园林景观的异同，最终以论文形式提交，必须实事求是，观点鲜明，文理精当，不少于3000字，文字中附插图，编排形式合理。

# 第 3 章

## 园林景观设计与园林景观布局的原则

**学习要点及目标**

● 了解园林景观设计的依据与原则。
● 了解园林景观布局的形式与原则。

**本章导读**

在宏观了解了园林景观设计的概念及中外园林的区别之后,本章开始就园林景观设计的细节问题进行描述。

同所有的艺术设计学科一样,园林景观设计也有自己的设计依据及原则供园林景观设计者们学习和思考。园林景观设计要依据社会需要、功能要求等,遵循科学性与艺术性相结合、"以人为本"、生态、经济、美观等原则进行设计。从园林布局方面分析,应遵循"构园有法,法无定式;功能明确,组景有方;因地制宜,景以境出;掇山理水,理及精微;建筑经营,时景为精;道路系统,顺势通畅;植物造景,四时烂漫"的原则,将园林布局成适宜人类生产、生活,符合园林设计原则的现代化园林。

# 3.1 园林景观设计的依据与原则

## 3.1.1 园林景观设计的依据

园林设计的目的不仅是使风景如画,还应该遵循人的感受,创造出环境舒适、健康文明的游憩境域。园林景观设计不仅要满足人类精神文明的需要,也要满足人类物质文明的需要。一方面,园林是反映社会艺术形态的空间艺术,园林要满足人们的精神文明的需要;另一方面,园林又是社会的物质建设的需要,是现实生活真实环境的组成部分,所以,还要满足人们娱乐、游憩等物质文明的需要。

园林景观设计需要遵循自己的依据,只有这样才能从立体的全方位的角度进行园林艺术的创作。

(1) 园林景观设计要依据科学要求。

在任何园林艺术创作的过程中,要依据有关工程项目的科学原理和技术要求进行。例如,在园林设计中要结合原地形进行园林的地形和水体规划,设计者必须对该地的水文、地质、地貌、地下水位、土壤状况等资料进行详细了解;如果没有翔实的资料,务必补充勘察后的有关资料。

可靠的科学依据,为地形改造、水体设计等提供物质基础,为避免产生塌方、漏水等事故提供可靠的前提。

此外,种植花草、树木等也要依据植物的生长要求,根据不同植物的喜阳、耐阴、耐旱、怕涝等不同的生态习性进行配置。一旦违反植物生长的科学规律,必将导致种植设计的失败。

植物是园林要素的重要组成部分,而且作为唯一具有生命力特征的园林要素,能使园林空间体现生命的活力,富于四时的变化。植物景观设计是 20 世纪 70 年代后期有关专家和决策部门针对当时城市园林建设中建筑物、假山、喷泉等非生态体类的硬质景观较多的现象再次提出的生态园林建设方向，即要以植物材料为主体进行园林景观建设，运用乔木、灌木、藤本植物以及草本等素材，通过艺术手法，结合考虑各种生态因子的作用，充分发挥植物本身的形体、线条、色彩等自然美，来创造出与周围环境相适宜、相协调，并表达一定意境或具有一定功能的艺术空间，供人们观赏。

园林建筑、园林工程设施，也需要遵循科学的规范要求。园林设计关系到科学技术方面的很多问题，有水利、土方工程技术方面的，有建筑科学技术方面的，有园林植物，甚至还有动物方面的生物科学问题。

因此园林设计的首要问题是要有科学依据。

(2) 园林景观设计要依据社会需要。

园林属于上层建筑范畴，它要反映社会的意识形态，满足广大群众的精神与物质文明建设的需要。图 3-1、图 3-2 所示为美国园艺工作者 Joyce Ahlgren Hannaford 的私人花园，花园中的花不仅满足了她个人的精神需要，同时美丽的花簇、红墙白瓦的组合引来了该地区居民的驻足，也满足了观赏者们的精神需求。

图 3-1　Joyce Ahlgren Hannaford 的私人花园(1)

图 3-2　Joyce Ahlgren Hannaford 的私人花园(2)

《公园设计规范》指出，园林是改善城市四项基本职能中游憩职能的基地。因此，园林景观设计者要体察广大人民群众的心态，了解他们对公园开展活动的要求，创造出的园林景观要能满足不同年龄、不同兴趣爱好、不同文化层次游人的需要，面向大众，面向人民。

(3) 园林景观设计要依据功能要求。

园林景观设计者要根据广大群众的审美要求、活动规律、功能要求等，创造出景色优美、环境卫生、情趣健康、舒适怡人的园林空间，满足人们精神方面的需求，满足游人的游览、休息和开展健身娱乐活动的功能要求。

园林空间应当具有诗情画意的境界，处处茂林修竹、绿草如茵、山清水秀，令人流连忘返。

不同的功能分区，要选用不同的设计手法，比如，图3-3所示的儿童活动区，就要求交通便捷，靠近出入口，并结合儿童的心理特点设计出颜色鲜艳、空间开阔、充满活力的景观气氛。

图 3-3　园林中的儿童乐园

(4) 园林景观设计要依据经济条件。

比如，同样一处园林绿地，甚至同样一个设计方案，由于采用不同的建筑材料、不同的施工标准，将需要不同的建园投资。当然，设计者应当在有效的投资条件下，发挥最佳设计技能，节省开支，创造出最理想的作品。

总之，一项优秀的园林作品，必须做到科学性、艺术性和经济条件、社会需要紧密结合，相互协调，全面运筹，争取达到最佳的社会效益、环境效益和经济效益。如案例3-1，就做到了社会效益与环境效益相结合。

案例3-1

## Santo Domingo 图书馆

哥伦比亚 Santo Domingo(圣多明各)图书馆极其宽敞的公共空间为波哥大 Usaquen(乌萨奎)

北部地区及苏巴地区的人们提供了极大的便利。与其说它是一座图书馆，不如说它是一座文化中心，它可以为不同的教育以及跨学科活动提供可能性。文化中心坐落在一座面积为 55 000 平方米的公园绿地内，有力地支持和补充了以自然为中心的精神，体现了知识的导向性作用，如图 3-4～图 3-6 所示。

图书馆和公园之间存在一种必然的联系。图书馆和文化中心的访客可以在公园内稍作休息或在此散步，同时也可以通过从建筑内部眺望自然风景而得到灵感的激发。这种联系同时也体现为外部流动的风景可以通过建筑物的开放空间进入建筑内部；不仅仅是在上层空间，同时也体现在地下的停车场空间，那里黑暗的走廊可以被天然的太阳光照亮。

图 3-4　哥伦比亚 Santo Domingo 图书馆公园景观设计(1)

图 3-5　哥伦比亚 Santo Domingo 图书馆公园景观设计(2)

图 3-6　哥伦比亚 Santo Domingo 图书馆公园景观设计(3)

## 3.1.2　园林景观设计的原则

园林景观设计对于城市及人居生态环境的改善有着举足轻重的作用，但目前还存在很多弊端，很多研究者和设计者都只局限于其科学性和艺术性的方面进行研究和设计，忽视了更正确、更全面的思想行为准则，因此，在进行园林景观设计的过程中，有必要寻求一个正确、全面的思想准则，以便把握园林景观设计的尺度。

(1) 园林景观设计应遵循科学性与艺术性完美结合的原则。

如图 3-7 所示的中国古典园林是科学与艺术完美结合的典范；如图 3-8 所示，外国园林中修葺整齐的树木和排列整齐的喷泉也体现了科学与艺术的完美结合。

图 3-7　中国古典园林(苏州艺圃)

图 3-8　国外经典园林典范(俄罗斯彼得宫)

在中国古典园林景观设计中强调的"天人合一"就是强调园林景观的综合性。中国美学家李泽厚先生认为中国园林是"人的自然化和自然的人化"。这都与"天人合一"的综合性宇宙观一脉相承。其中,"人"和"人的自然化"反映科学性,属于物质文明建设;而"天开"和"自然的人化"反映艺术性,主属精神文明建设。

中国人对景观的欣赏不单纯从视觉考虑,更要求"赏心悦目",要求"园林意味深长"。

由此可见,无论城市环境和园林景观,都要强调科学与艺术结合的综合性的功能。

(2) 园林景观设计应遵循以人为本的原则。

人类对于美好生活环境的追求,是园林景观设计专业存在的唯一理由。

如今社会的发展非常重视对人的尊重,园林设计者提出了"以人为本"的设计原则。园林景观的营造是着力于人的行为与心理需要,注意到人的健康需求,引入遵从自然的生态设计理念,努力创造良好的人居环境。

案例3—2

### 湛江渔港公园

湛江市渔港公园位于湛江市霞山观海长廊北端,西临海滨宾馆,东濒湛江港,南靠海洋路,规划建设面积约 20 公顷,为简易绿化滨海滩地,如图 3-9、图 3-10 所示。设计主题为"渔人、渔港、渔船、渔家"。

公园"遵从自然"与"以人为本"的设计理念主要体现在 5 个景区。

① "海之恋"入口广场。两列弧形种植的高大华盛顿棕将主入口分为前后两区。前广场区主景为"海之恋"大型雕塑,表现渔民在晨雾中推船出海的场景,体现渔民对海的依恋与敬畏之情;铺地为散置卵石,强调公园的自然海滨特征。后广场区主景为北斗七星旱喷,设激光地灯、花坛等景观小品,强调渔民出海时北斗七星定位导航的重要性。

② 渔港船歌。木栈道两侧设置各式渔船为主景，与自然形态的礁石、卵石及砂石滩、湿生植物相搭配，形成自然生态气息浓郁的人性化休闲步道。

图3-9　湛江渔港公园(1)

图3-10　湛江渔港公园(2)

③ 渔人之家。集中提供茶饮、小卖部与展览等亲民服务功能，是园内公共活动中心。区内建筑群以雷州半岛自然小渔村布局为模板，在古朴的形式中透出现代的审美情趣。从功能与景观需求出发，建筑群采用混凝土结构以抵御台风，外部装饰采用海草屋顶、螺壳石墙和木质百叶门窗。

④ 渔乡风情。公园中心景区，规划以椰林环绕的水池沙滩为景观主体。景区沙滩为儿童游戏沙池，设若干笠亭，构景材料为原木构架、椰子叶和渔网。沙滩上设海龟雕塑、跷跷板、

吊床等儿童游戏设施。北侧有一戏水小溪，黑色的礁石、茂密的水生植物与跌落的溪水，组成了一个儿童游戏的乐园，体现出人性化的回归。

⑤ 南海明灯。在公园北侧，适当堆土成坡，坡顶设灯塔，周围绿地处理成自然式疏林草坪。灯塔造型充分吸取湛江传统灯塔的特点并适当简化，抽象中凝炼出特有的人性风格。灯塔安装高亮度彩色景观射灯，与主入口及渔人之家的激光地灯，形成两条美丽的光轴，强调了生命之光的延续。

该案例表现了雷州半岛的渔港风情与渔家文化，突出区域性、生态性和人文性特色，坚持"以人为本"的理念，为市级综合性滨海公园。

今天的园林景观已经不止是公共场所，它已经涉及人类生活的方方面面，虽然园林景观的设计的目的不同，但园林景观设计最终关系到为了人类的使用创造室外场所，为普通人提供实用、舒适、精良的设计是景观设计师追求的境界。

(3) 园林景观设计应遵循生态原则。

随着人们对于环境保护意识的加深，对于园林景观的要求开始逐步向生态方向发展。同时，在园林景观设计中，追求生态目标也与构建生态型社会的目标一致，因而，遵循生态原则成为园林景观设计的原则之一。

园林景观设计是对户外空间的生态设计，但从根本上说，应该是对人类生态系统的设计。因此，再生、节能等理念的实施成为构建生态型园林景观的必备要素，从而实现生态环境与人类社会的利益平衡和互利共生。

片面追求传统的视觉效果或对资源进行掠夺式开发显然不符合如今对园林景观设计生态原则的要求。追求资源的循环利用，推行生态设计，达到人与自然的和谐共生，才是如今实现生态环境与人类社会互利共生的必备之路。

遵循生态原则，在园林景观设计的过程中贯彻低碳、环保的要求，减少高碳能源的消耗，从而达到经济社会发展与生态环境保护的和谐发展。

追求生态、注重生态恢复，并用于实践，是园林景观设计的一种原则，也是园林景观设计者们的一种职业精神。

(4) 园林景观设计应遵循经济原则。

建设集约型社会的重点就在于如何在投资少的情况下做更好的事情，这就是我们常常说的"事半功倍"，这也是园林景观设计需要遵循的原则之一——经济原则。

案例3—3

### 葡萄牙某度假村里的蛇形树屋

葡萄牙某度假村里的两座蛇形树屋是架高的房子被固定在细长弯曲的坡道上，在大树之间穿梭。这些独立的木质小屋使得这所园林更加迷人，如图 3-11、图 3-12 所示。

木质的结构加娇小的屋型充分考虑了经济元素，然而充满设计美感的小屋并没有让小屋的魅力减少。天然材料和大量的日光能够进一步帮助游客更好地沉浸在森林之中。每一个树屋内都有一间卧室、浴室、书桌和厨房。

图 3-11　葡萄牙某度假村里的蛇形树屋(1)

图 3-12　葡萄牙某度假村里的蛇形树屋(2)

对于经济原则的实施可以从园林布局、材料的使用、园林景观的管理三方面掌握。

① 从园林布局上看，应充分利用地形，有效划分和组织园林景观的区域，因地制宜，利用地形的基础设计组成园景美的因素。在设计的过程中，应尽可能地利用原有的自然地形，对土地进行设计，从而减少经费，并具有设计的美感。如图 3-13 所示，这是澳大利亚珀斯克莱蒙特镇沿河道路重建项目，因为是重建项目，按照原有的布局及设备进行合理的改造和修整，既实现了如今的设计感，又完成了项目的经济的合理性。

② 从材料的使用方面看，节省材料、多种植物是遵循经济原则的主要办法。从另一个角度看，造园材料的优良并不取决于材料的名贵，而取决于材料是否合适于整个造园活动，并且能够恰当地体现园林的优美与富有情趣。

只要设计恰当，使用物美价廉的材料更能体现园林景观的美。当然，在此过程中不能盲目追求价格低廉，材料的质量是需要考虑的首要问题。

③ 从园林景观的管理方面看，利用可控且合理的投资，建设有序、持久、可自行更新的园林景观，建立优美且符合自然规律的生态系统。

图 3-13　澳大利亚珀斯克莱蒙特镇沿河道路重建项目

(5) 园林景观设计应遵循美观原则。

有学者对人类审美发展提出过这样的理论：人类与自然界建立了从功利的关系到审美的关系。功利主要是对广大人群和社会有益的功利，属于有利的就会引起人们的好感和赞美。

早期，这样产生的美感和功利是直接有关的，以后进而能够欣赏和功能没有直接关系的美，例如自然界的奇峰、广场中心的雕像，从而形成爱美的要求，乃至创造美好事物的愿望。欣赏野外的青山绿水、园林中花草树木的美，成为人类精神生活的需要。如图 3-14 所示，这是美国芝加哥北格兰特公园效果图，该项目被称为艺术之田，是一种园林艺术，又是一种文化象征。玉米地作为芝加哥农业遗产的象征，被该项目纳入该景观的景观基质。在这种场景中，文化艺术、体育活动等项目也被纳入其中，不仅标志着芝加哥的历史，又代表着芝加哥不断新生的活力。值得一提的是，该方案为芝加哥北格兰特公园国际方案邀请征集的入围方案，是北京土人景观与建筑规划设计研究院与美国 JJR 事务所联合设计的。

图 3-14　芝加哥北格兰特公园效果图

在洋溢着美的境地中得到更好的休息娱乐,生活的趣味得以提高,情操得到陶冶,有助于身心的健康成长。这样看来,美对人们的生活不仅不是可有可无,而且是精神生活上不能欠缺的营养。所以人们不但需要安全健康方便的环境,也同样需要美的环境,在物质要求基本满足以后,精神要求就显得突出。如图 3-15、图 3-16 所示,这是现代园林景观设计的示例。

图 3-15  现代园林景观设计(1)

图 3-16  现代园林景观设计(2)

现代化建设表现为文化、科技的大进步,社会成员的智力和精神修养水平普遍提高,审美力的提高对美观将有更高的要求:要求规划设计整体的和谐,来自风格的统一、布局完整、主题的彰显。

## 3.2　园林景观布局的形式与原则

### 3.2.1　园林景观布局的形式

园林绿地的布局形式，一般可归纳为规则式、自然式和混合式三大类。

**1．规则式园林**

规则式园林又称几何式园林。其特点是平面布局、立体造型，园中的各元素，如广场、建筑、水面等严格对称，如图 3-17 所示。

图 3-17　郑州绿博会法国园效果鸟瞰图

本书第 1 章已经介绍过，18 世纪，英国出现的风景式园林以规则式为主，随后，文艺复兴时期的意大利台地园成为规则式园林的代表。规则式园林给人以庄严、雄伟的感觉，追求几何之美，且多以平原或倾斜地组成。在我国，北京的天坛、南京的中山陵都属于规则式园林的范畴，如图 3-18、图 3-19 所示。

图 3-18　天坛鸟瞰图

图 3-19　中山陵鸟瞰图

规则式园林有以下特征。

(1) 地形地貌：平原地区的园地多由不同标高的水平面或较缓倾斜的平面组成，丘陵地区多由阶梯式的水平台地或石阶组成，如图 3-20、图 3-21 所示。

图 3-20　规则式园林的构图格局　　　图 3-21　巴黎凡尔赛宫苑中以天际线作为视觉的重点

(2) 水体：外形轮廓多采用整齐驳岸的几何形，园林水景的类型多以规整的水池、壁泉或喷泉组成，如图 3-22、图 3-23 所示。

图 3-22　规则式园林的水体设计(1)　　　图 3-23　规则式园林的水体设计(2)

(3) 建筑：无论个体建筑还是大规模的建筑群，园林中的建筑多采用对称的设计，以主要建筑群和次要建筑群形式的主轴和副轴控制全园，如图 3-24、图 3-25 所示。

(4) 道路广场：园林中的道路和广场均为几何形。广场大多位于建筑群的前方或将其包围，道路则均以直线或折线组成的方格为主。

图 3-24　规则式园林中的建筑(1)

图 3-25　规则式园林中的建筑(2)

(5) 植物：植物布置均采用图案式为主题的模纹花坛和花丛花坛为主，树木配置以行列式和对称式为主，并运用大量的绿篱、绿墙以划分和组织空间。树木整理修剪以模拟建筑体形和动物形态为主，如图 3-26～图 3-28 所示。

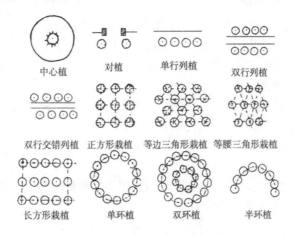

图 3-26　规则式园林中的植物排列

图 3-27　规则式园林中的植物　　　　　图 3-28　规则式园林中的植物修葺

## 2．自然式园林

自然式园林又称山水式园林。与规则式园林的对称、规整不同，自然式园林主要以模仿再现自然为主，不追求对称的平面布局，园内的立体造型及园林要素布置均较自然和自由，如图 3-29、图 3-30 所示。

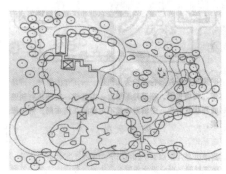

图 3-29　自然式园林平面图　　　　　图 3-30　自然式园林透视图

从本书第 1 章的描述可以见得，我国古典园林多以自然式园林为主，无论大型的帝皇苑囿和小型的私家园林。我国自然式山水园林，从唐代开始影响日本的园林，从 18 世纪后半期传入英国，从而引起了欧洲园林对古典形式主义的革新运动。

自然式园林有以下特征。

(1) 地形地貌：平原地带，地形自然起伏，多利用自然地貌进行改造，将原有破碎的地形加以人工修整，使其自然，如图 3-31、图 3-32 所示。

(2) 水体：轮廓较为自然，岸通常为自然的斜坡，园林水景的类型以湖泊、瀑布、河流为主，如图 3-33 所示。

(3) 建筑：不管是个体建筑还是建筑群，均采用不对称的布局，以主要导游线构成的连续构图控制全园，如图 3-34 所示。

图 3-31　自然式园林

图 3-32　现代园林中的自然式园林

图 3-33　中国古典自然园林中的水体

图 3-34　自然式园林中的建筑

案例3—4

## 悉尼谊园

　　谊园坐落在悉尼市达令港畔，与中国城毗邻，是悉尼市引人入胜的一景。谊园就是友谊之园，1988 年澳大利亚建国 200 周年前夕，悉尼华人社团倡议兴建一座中国花园，作为中澳两国人民友谊的象征。石狮巨龙，栩栩如生；诗书画廊、琴棋茶居、桌几锦屏，别有一番中国文化的韵味；松、竹、梅、菊、兰、荷的木雕画，李白、杜甫、李商隐的佳句，更为谊园增添了诗情画意。在山脚下有一片石林，惟妙惟肖地向人们叙说着阿诗玛的故事，如图 3-35 所示。

图 3-35　中澳友谊的象征——悉尼谊园

谊园中无论是亭台树石，还是室内陈设，都浓缩着中国园林艺术的悠久历史，饱含着中华民族的文化乳汁。

(4) 道路广场：园林中的空旷地和广场的轮廓为自然形的封闭性的空旷草地和广场，以不对称的建筑群、土山、自然式的树丛和林带包围。道路平面和剖面由自然起伏曲折的平面线和竖曲线组成。

(5) 植物设计：自然式园林中的植物也多呈自然状态，花卉多为花丛，树木多以孤立树、树丛、树林为主，不用规则修剪的绿篱，以自然的树丛、树群、树带来区划和组织园林空间。

### 3．混合式园林

混合式园林是指规则式、自然式交错组合，全园既没有对称布局又没有明显的自然山水骨架，形不成自然格局。一般情况下，多结合地形，在原地形平坦处，根据总体规划需要安排规则式的布局。原地形条件较复杂，具备起伏不平的丘陵、山谷、洼地等，结合地形规划成自然式。类似上述两种不同形式规划的组合即为混合式园林。案例 3-5 中的广州起义烈士陵园就是典型的混合式园林。

在园林规则中，原有地形平坦的可规划成规则式；原地形起伏不平，丘陵、水面多的可规划成自然式。树木少的可搞规则式。大面积园林，以自然式为宜；小面积园林，以规则式较经济。四周环境为规则式宜规划成规则式；四周环境为自然式则宜规划成自然式。林荫道、建筑广场的街心花园等以规则式为宜；居民区、机关、工厂、体育馆、大型建筑物前的绿地以混合式为宜。

**案例3—5**

## 广州起义烈士陵园

广州起义烈士陵园，是解放后为纪念 1927 年 12 月广州起义中英勇牺牲的烈士，于 1954 年修建的纪念性公园，如图 3-36～图 3-38 所示。

该案例是典型的岭南特色园林景观，湖光潋滟，绿树垂荫，曲径延绵，鸟语花香，绿荫、芳草和碧水间坐落着各具特色的纪念亭。该园区是典型的混合式园林。

图 3-36　广州起义烈士陵园一角(1)

图 3-37　广州起义烈士陵园一角(2)

图 3-38　广州起义烈士陵园一角(3)

### 3.2.2　园林景观布局的原则

园林是将一个个不同的景观元素有机地组合成为一个完美的整体,这个有机的统一的过程称为园林布局。图 3-39 所示为园林景观布局图例。

把景观有机地组合起来,成为一个符合人们审美需求的园林,是需要遵循一定的原则的。

#### 1. 园林布局的综合性与统一性

园林的形式是由园林的内容决定的,园林的功能是为人们创造一个优美的休息娱乐场所,同时在改善生态环境上起重要的作用。然而,如果只从单方面考虑,而不是从经济、艺术、功能三方面考虑的话,园林的功能是得不到体现的。

只有把园林的环境保护、文化娱乐等功能与园林的经济要求及艺术要求作为一个整体加以综合考虑,才能实现创造者的最终目标。

除此之外,园林的构成要素也需要具有同一性。

图 3-39　合理的园林景观布局

案例3—6

### 巴厘岛绿色学校的园林景观设计

John Hardy 和他妻子 Cynthia 在印度尼西亚相遇后，就有了"绿色学校"的构想。

这是一个位于巴厘岛丛林和稻田之中的教育性村庄社区，通过一种提供给当地人和相似的外国人的候选教育系统传播他们二人无私的可持续信息。他们邀请了巴厘岛的事务所 PT bamboo pure 来进行全竹结构建筑的技术设计工作，充分挖掘这种亚洲丰产的木质材料的潜在用途，用于结构、装饰、休闲等材料，制作成地板、座椅、桌子以及其他物品。通过把构成整座校园的各种元素装配在一起，当地风格以一种新的关系与现代设计策略融合了起来，如图 3-40～图 3-43 所示。

图 3-40　巴厘岛绿色学校景观设计(1)

图 3-41　巴厘岛绿色学校景观设计(2)

图 3-42　巴厘岛绿色学校景观设计(3)

图 3-43　巴厘岛绿色学校景观设计(4)

几块稻田、几个花园、一个鱼塘和堆肥卫生间都成为该园林中的可持续性教室，可见布局的重要性。

园林的构成要素包括地形、地貌、水体及动植物景观等，各元素缺一不可，只有将各元素统一起来，才能实现园林景观布局的合理性和功能性。

园林景观的构成要素也必须有张有合，富于变化。

### 2．因地制宜，巧于因借

园林布局除了从内容出发外，还要结合当地的自然条件。我国明代著名的造园家计成在《园冶》中提出"园林巧于因借"的观点，他在《园冶》中指出："因者虽其基势高下，体形之端正……"，"因"就是因势，"借者，园虽别内外，得景则无拘远近"，"园地惟山林最胜，有高有凹，有曲有深，有峻有悬，有平而坦，自成天然之趣，不烦人事之工，入奥疏源，就低蓄水，高方欲就亭台，低凹可开池沼"。这种观点实际就是充分利用当地自然条件，因地制宜的最好典范。

### 3．主题鲜明，主景突出

任何园林都有固定的主题，主题是通过内容表现的。

在整个园林布局中要做到主景突出，其他景观(配景)必须服从于主景的安排，同时又要对主景起到"烘云托月"的作用。配景的存在能够"相得而益彰"时，才能对构图有积极意义。例如北京颐和园有许多景区，如佛香阁景区、苏州河景区、龙王庙景区等，以佛香阁景区为主体，其他景区为次要景区，在佛香阁景区中，以佛香阁建筑为主景，其他建筑为配景。配景对突出主景的作用有两方面，一方面是从对比方面来烘托主景，例如，平静的昆明湖水面以对比的方式来烘托丰富的万寿山立面，如图 3-44 所示；另一方面是以类似方式来陪衬主景，例如西山的山形、玉泉山的宝塔等是以类似的形式来陪衬万寿山的。

图 3-44　平静的昆明湖水面烘托着万寿山

案例3—7

### 澳大利亚：Cranbourne 皇家植物园

　　Cranbourne(克兰本)皇家植物园位于墨尔本郊区东南部，通过"我们的景观和植物园林设计是探索和表达澳大利亚人之间不断发展的关系"这一共同的主题，试图创建一个突出植物群特性的花园，突出自然景观之间的紧密关系，来激发游客进一步探索澳大利亚植物群与景观之间的关系。花园里的水是自然和人类之间的中介元素。该项目已经成功地重新解释"什么是澳大利亚景观？"如图 3-45～图 3-48 所示。

图 3-45　澳大利亚：Cranbourne 皇家植物园(1)

图 3-46　澳大利亚：Cranbourne 皇家植物园(2)

74

图 3-47　澳大利亚：Cranbourne 皇家植物园(3)

图 3-48　澳大利亚：Cranbourne 皇家植物园(4)

　　植物园的主题是研究植物的生长发育规律，对植物进行鉴定、引种，同时向游人展示植物界的客观自然规律及人类利用植物和改造植物的知识，因此，在布局中必须始终围绕这个中心，使主题能够鲜明地反映出来。

## 本　章　小　结

　　园林景观的设计不仅要使风景如画，还要使景观布局合理适用，因此，要依据科学的需要、社会的需要、审美的需要等来进行园林景观的设计，同时要遵循科学与艺术结合、以人为本、经济、美观的原则。根据不同的园林类别，对于园林布局也应遵循相应的原则。

课 程 思 政

　　本章介绍园林景观设计与布局的原则，在学习过程中，需要树立正确的权利观与正义观，坚定"四个自信"，在社会主义核心价值观的指导下，正确认识和处理园林景观设计与布局中的实际问题，正确看待和面对不断发展的科学技术对园林景观设计带来的冲击，同时注意园林景观设计不仅要满足人类精神文明的需要，还要满足人类物质文明的需要。

思考练习题

　　1. 园林景观设计的依据是什么？
　　2. 园林景观设计的原则是什么？
　　3. 在世界园林中，园林景观的布景都分为哪几类？

实训课堂

　　实训课题：园林景观类别的社会调查。
　　(1) 内容：以教材中园林布局的分类为依据，对所在城市的不同园林景观进行调查，从而了解园林景观布局的特征及原则。
　　(2) 要求：组织学生在课堂之外，围绕课题对所在城市著名的园林进行调查，将园林布局的类型、特点及对于市民的影响作进一步的调查。调查报告必须实事求是、理论联系实际；观点鲜明，文理精当，不少于3000字；文字中附插图，编排形式合理。

# 第 4 章
园林景观设计与景观生态学

**学习要点及目标**

● 了解景观生态学的由来及内涵。
● 掌握园林景观设计与景观生态学的内在关系。

**本章导读**

园林景观设计是人们世界观、价值观的反映，任何园林景观设计都应是与生态环境相协调的，古代是这样，现代也是这样。所谓生态系统就是指地球上的生物物体与生存环境构成的极其复杂的相互作用的动态复合体。人类依赖自然生态系统，按照自己的需求利用并改造自然界，但在根据自己意愿建造园林景观的过程中，人类不可能离开区域或全球生态系统而独立生存。因此，了解景观生态学的相关内容及相关原则对园林景观的设计有积极的影响。本章将对景观生态学进行全面介绍，并将城市居住园林景观设计、现代园林景观设计、园林城市等与景观生态学相结合，全面地介绍景观生态学与园林景观设计的内在的必然联系。

# 4.1 景观生态学概述

景观生态学是生态学下面的一门新学科，从19世纪末开始，景观设计开始对自然系统的生态结构进行重新的认识和定义，并对传统生态学进行了融合和渗透。景观作为一种在自然等级系统中较为高级的一层，随着人类改造自然的步伐的加快，强调生态系统相互作用、强调生物种群的保护与管理、强调环境的管理等开始成为人类在进行园林景观设计过程中较为重视的法则，这也是景观生态学的主旨。

**案例4—1**

**潍坊生态湿地公园景观设计方案**

为了突出本滨水区的生态重要性，本规划通过水系规划、植物配置、竖向设计等一系列设计方法，建立一种人与自然共生的良好关系。该段河体水面宽阔、浅滩密布、生物多样，周边土地为居用地性质，如图4-1～图4-3所示。

生态湿地公园景观扩初设计方案，根据福尔曼提出的城市景观格局理论，河流和道路是物种迁移的重要廊道，而城市公园是城市生态系统中具有战略意义的物种栖息地斑块。该案例突出了城市公园的重要作用。

图 4-1　潍坊生态湿地公园景观扩初设计方案鸟瞰图

图 4-2　潍坊生态湿地公园景观设计方案手绘效果图

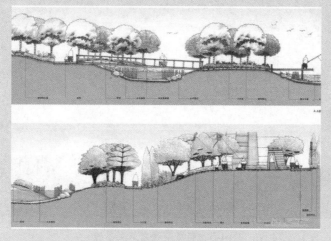

图 4-3　潍坊生态湿地公园景观设计方案之河岸断面

### 4.1.1 景观生态学的概念

在了解景观生态学之前，有必要回顾一下景观的概念。本文第 2 章粗略地介绍了景观的概念，在此回顾一下。

景观生态学对于景观的定义为：景观是由若干相互作用的生态系统镶嵌组成的异质性区域。狭义的景观是由不同空间单元镶嵌组成的具有明显视觉特性的地理实体。广义的景观是由地貌、植被、土地和人类居住地等组成的地域综合体，是人类生活环境中视觉所触及的地域空间。

景观可以是自然景观(见图 4-4～图 4-6)，包括高地、荒漠、草原等。

图 4-4　自然景观之山川河流

图 4-5　自然景观之草原景观

图 4-6　自然景观之红沙漠

景观也可以是经营景观，包括果园、人工林(见图 4-7)、牧场等。

图 4-7　经营景观之人工林

景观还可以是人工景观，主要体现经济、文化及视觉特性的价值，如本书重点研究的园林景观(见图 4-8)及我们常说的城市景观(见图 4-9)等。

知识拓展

生态学思想的引入，使风景园林设计的思想和方法发生了重大转变，也大大影响甚至改变了风景园林的形象。风景园林设计不再停留在花园设计的狭小天地，它开始介入更为广泛的环境设计领域，体现了浓厚的生态理念。

图 4-8　园林景观

图 4-9　城市景观

　　景观生态学的研究开始于 20 世纪 60 年代的欧洲，早期欧洲传统的景观生态学主要是区域地理学和植物科学的综合。直到 20 世纪 80 年代，景观生态学开始迅速发展，成为一门前沿学科。

　　景观生态学是研究景观结构、功能和动态以及管理的科学，以整个景观为研究对象，强调空间异质性的维持和发展、生态系统之间的相互作用、大区域生物种群的保护与管理、环境资源的经营管理，以及人类对景观及其组成的影响。

　　在现代地理学和生态学结合下产生的景观生态学，以生态学的理论框架为依托，吸收现代地理学和系统科学之所长，研究由不同系统组成的景观结构、功能和演化及其与人类社会的相互作用，探讨景观优化用于管理保护的原理和途径。其研究核心是空间格局、生态学过程与尺度之间的相互作用。景观生态学强调应用性，并已在景观规划、土地利用、自然资源的经营管理、物种保护等方面显示了较强的生命力。其中，在景观生态评价方面的发展尤为迅速。

　　斑块、廊道和基质是景观生态学用来解释景观结构的基本模式，普遍适用于各类景观。斑块是指在地貌上与周围环境明显不同的块状地域单元，如园林景观、城市公园、小游园、广场等。廊道是指在地貌上与两侧环境明显不同的线性地域单元，如防护林带、铁路、河流等。基质是指景观中面积最大、连通性最好的均质背景地域，如围绕村庄的农田、广阔的草原等。景观中任意一点或是落在某一斑块内，或是落在廊道内，或是落在作为背景的基质内。

案例4—2

### 首尔森林公园

首尔森林公园总面积是 286 英亩(注: 1 英亩=4046.86 平方米或 0.405 公顷)。公园的两边毗邻汉江和 Jungrang Streams(中浪川)，如图 4-10、图 4-11 所示。

图 4-10　首尔森林公园鸟瞰图

图 4-11　首尔森林公园一角

城市园林是以人工生态为主题的景观斑块单元，城市园林强调人工园林与自然生物群落的有机结合，为保护和发展生物多样性提供了有利条件，森林公园的生态效益更加显著。

景观生态学的研究对象为大尺度区域内各种生态系统之间的相互关系，如景观的组成、结构、功能、动态、规划、管理等。其原理方法对促进景观的优化和可持续发展有着直接的指导作用，因而在园林景观设计领域，景观生态学是非常有力的研究工具。

案例4—3

### 法国波尔多植物园

法国波尔多植物园占地只有 4.7 公顷，用地呈长条形，长度为 600 米，宽度为 70 米。全园分为水花园、生态走廊、耕作田、植物林荫道等几个部分，以此表现生物多样性、自然资源循环利用以及景观活力和变化，如图 4-12～图 4-14 所示。

图 4-12　法国波尔多植物园一角(1)

图 4-13　法国波尔多植物园一角(2)

图 4-14　法国波尔多植物园一角(3)

人类与植物界的关系以及人类与生命周期的关系一般而言是一种农耕形式，即为实现经济目的对自然过程的再现。人类开发自然资源过程中所使用的工具和技术需要各种模数，或者更准确地说是需要各种自然力系统。

## 4.1.2　景观生态学的任务

景观生态学要求包括园林景观在内的景观规划应遵循系统整体优化、循环再生和区域分异的原则，为合理开发利用自然资源、不断提高生产力水平、保护欲建设生态环境提供理论依据，为解决发展与保护、经济与生态之间的矛盾提供途径和措施。

案例4—4

### 余姚市环牟山湖地区生态保护与综合开发规划设计方案

该规划设计方案的目标是正确处理好生态资源的保护，特别是水资源的保护，同时保护并挖掘牟山湖地区的人文景观资源，突出其"山、水、渔、村"的乡村特色。并以杭州、宁波一线的旅游市场为依托，利用杭州湾新区的建设与长三角经济一体化发展的有利时机，建设高品质的生态休闲度假基地，促进地区产业结构升级和经济社会发展。规划设计方案如图 4-15～图 4-18 所示。

该规划区的职能为：保护水源、保护生物多样性、保护乡土景观、支撑并拓展乡村产业、生态休闲度假、乡村生态科普教育。

该案例特别强调了对水资源进行保护，同时保证生态平衡、合理开发利用自然资源，从项目的角度看非常符合景观生态学的任务和要求。

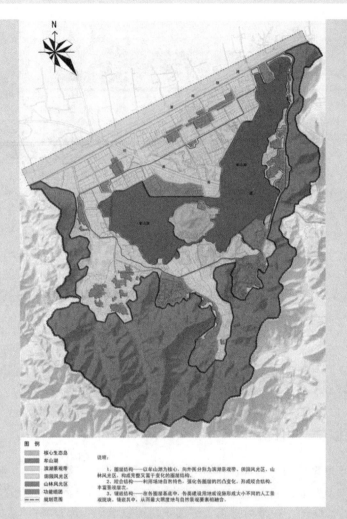

图 4-15　余姚市环牟山湖地区生态保护与综合开发规划设计图(1)

图 4-16　余姚市环牟山湖地区生态保护与综合开发规划效果图

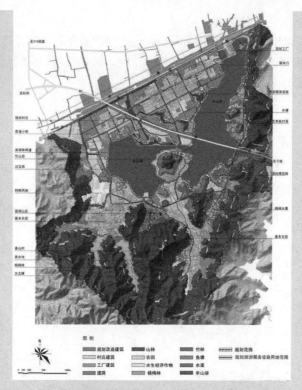

图 4-17　余姚市环牟山湖地区生态保护与综合开发规划设计图(2)

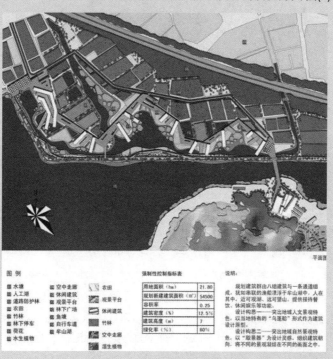

图 4-18　余姚市环牟山湖地区生态保护与综合开发规划设计图(3)

(资料来源：中国风景园林网，http://chla.com.cn/html/2008-08/15999.html)

景观生态学的基本任务包括以下几个方面。

(1) 景观生态系统结构和功能的研究，其中包括自然景观和人工景观的生态系统研究。通过研究景观生态系统来探讨各生态系统的结构、功能、稳定性等。研究景观生态系统的动态变化，建立各类景观生态系统的优化结构模式。

案例4-5

### 郑州生态廊道建设案例

郑州生态廊道建设旨在三年之内使全郑州市生态廊道达 2000 多公里，绿地规划面积达 1 亿平方米。生态景观廊道的建设有利于将各生态景观有效地联系在一起，将拆迁、规划、地形改造、水体、管理保护等工作结合到一起，从而达到景观的优化模式。最终完成城市组团之间的40 条主要路段、10 条水系河道、10 个道路节点的高标准绿化，绿化生态廊道 1504.1 公里，绿化总面积 20.78 万亩，建设林中绿道 120 公里。截止到 2013 年 5 月 12 日，郑州市林业生态廊道建设完成绿化面积近 6000 万平方米，占三年行动计划绿化总面积的 75%，如图 4-19 所示。

该案例中的生态廊道的简称不仅体现在绿化面积的增加，作为一个生态整体，该生态廊道的建设的意义主要在于建立了景观生态系统的优化结构模式。

图 4-19　郑州生态廊道建设已初具规模

(资料来源：大河网. "十三五"期间郑州将建 450 公里生态廊道[EB/OL]. (2016-09-06) [2023-12-15]. https://m.huanqiu.com/article/9CaKrnJXsLh；郑州市人民政府. 郑州生态廊道长度 3400 公里总投资 281.49 亿元[EB/OL]. (2019-04-03) [2023-12-15]. https://www.henan.gov.cn/2019/04-03/741515.html)

(2) 景观生态系统监测与预警研究。这方面的研究主要针对人工景观，如园林景观，或者人类活动影响下的自然环境。通过研究对景观生态系统结构和功能的可能变化和环境变化进行预报。景观生态监测工作是在具有代表性的景观中对该景观的生态数据进行监测，以便为决策部门制定合理利用自然资源与保护生态环境的政策措施提供科学依据。

(3) 景观生态设计与研究。景观生态规划是通过分析景观特性，对其进行综合评判与解析，从而提出最合理的规划措施，从环保、经济的角度开发利用自然资源，并提出生态系统管理途径与措施。

### 美国唐纳德溪水公园

波特兰珍珠区基址原为一片清泉滋润的湿地，被坦纳河从中划分开来，与宽广的威拉麦狄河相邻。铁路站和工业区首先占用了这片土地，并伴有场地排水要求。

在过去的 30 年里，一个新的社区被逐步建成，它象征着年轻、综合、大都市和活力。今天的珍珠区已经成为商业和居住区域。在一个市区繁华地带大约 60m×60m 的地方，重新塑造一个崭新的城市公园——唐纳德溪水公园。从公园街区收集的雨水汇入由喷泉和自然净化系统组成的天然水景。从铁路轨道回收的旧材料被重新利用并建造公园中的"艺术墙"，唤起人们对于历史铁路的记忆，而波浪形的外观设计则能够给人以强烈的冲击感。

戴水道景观设计公司的创始人赫伯特·德莱塞特尔先生通过手绘，将这里曾经生存的生物图案绘制于热熔玻璃上，并镶嵌在"艺术墙"内。在这个繁华的市中心地带，生态系统得到了恢复，人们居然可以看到鱼鹰潜入水中捕鱼。在甲板舞台上可以尽情地表演各种文艺活动，孩子们来到这里玩耍、探索自然奥秘，而另外一些人们则可以在这片自然的优美秘境中充分享受大自然的芬芳、进行无限的冥想。深入的社区参与和地产调查显示，这个公园是当地人们实现梦想和希望的地方，如图 4-20～图 4-23 所示。

该案例从环保的角度保护了这片湿地，从经济的角度使用旧材料搭建了公园中的"艺术墙"，对全新的园林景观设计有了新的生态定义，成为一种最合理的规划措施。

图 4-20　美国唐纳德溪水公园(1)

图 4-21　美国唐纳德溪水公园(2)

图 4-22　美国唐纳德溪水公园(3)

图 4-23　美国唐纳德溪水公园(4)

案例4-7

**艾景奖获奖作品《清溪园》**

　　清溪园坐落在风景优美的都江堰市离堆公园内,是离堆公园的园中园,该园占地 10 000 多平方米,成为川西最大的盆景园。该园是艾景奖金奖获奖作品,如图 4-24~图 4-27 所示。

　　清溪园位于离堆公园的南部,其北正对荷花池,其东、西、南三面为高大荫浓的楠木林和柏木林,造园条件得天独厚。此区域原为一座早已不用的电影院和儿童游乐场之一部分,将其拆除后利用建筑垃圾结合填方工程形成了起伏跌宕的园内空间。

　　单位名称　　　　四川博凤园林景观设计有限公司
　　委托单位　　　　都江堰市青城山—都江堰旅游景区管理局
　　主创姓名　　　　林锡葵
　　成员姓名　　　　唐凌黎

　　该案例以川西民居风格的各类建筑为组景中心，以叠山理水为造园的主要手法，结合周围的良好环境和都江堰厚重的水文化背景，创造出了一个具有浓郁的川西风格的古典山水园林。

图 4-24　艾景奖获奖作品《清溪园》(1)

图 4-25　艾景奖获奖作品《清溪园》(2)

图 4-26　艾景奖获奖作品《清溪园》(3)

鸟瞰图

图 4-27  艾景奖获奖作品《清溪园》鸟瞰图

(4) 景观生态保护与管理。利用生态学原理和方法，探讨合理利用、保护和管理景观生态系统的途径。通过相关利用知识研究景观生态系统的最佳组合、技术管理措施和约束条件，采用多级利用生态工程等有效途径，提高光合作用的强度，提高生态环保及经济效益。保护生态系统，保护遗传基因的多样性，保护现有生物物种，保护文化景观，使之为人类永续利用，不断加强生态系统的功能。

### 4.1.3  景观生态规划的原则

保护生物多样性，维护良好的生态环境是人类生存和发展的基础，但如今，环境恶化的结果导致了生态功能的失调，而设计合理的景观结构对保护生物多样性的生态环境具有重要作用。景观生态规划是建立合理景观结构的基础，它在园林景观设计、自然保护区、土地持续利用以及改善生态环境等方面有着重要意义。

案例4-8

#### 悉尼千禧年公园景观设计

千禧年公园理事会与悉尼奥林匹克协调局(Olympic Coordinating Authority，OCA)设想建造一个 21 世纪的新型公园，要与那些 19 世纪和 20 世纪修建的公园形成鲜明的对比。

那是一块专门堆积工业废弃物的场地，由数十个废弃物堆成的小山包构成，高度在 13 米至 28 米不等，下面埋藏着大量工业垃圾。设计师利用先进的环境复苏技术，用 1 米厚的黏土覆盖垃圾，植树造林，然后在这块废地上进行规划和建造。

规划完成的千禧年公园面积达 1100 英亩，种植了数万棵枝叶繁茂的大树和大片的绿地，树林和绿地构成了一个自然保护区，引来无数小动物和飞禽在那里栖息，如图 4-28～图 4-30 所示。

　　千禧年公园的设计师们运用生态恢复学原理把废墟变成森林和绿地，用景观生态学观点将山丘、森林、湿地、湖泊联成了一个和谐的景观生态系统。

图 4-28　悉尼千禧年公园景观设计鸟瞰图

图 4-29　悉尼千禧年公园景观设计效果图(1)

图 4-30　悉尼千禧年公园景观设计效果图(2)

　　景观生态规划应遵循如下原则。

　　(1) 自然优先原则。保护自然资源，如森林、湖泊、自然保留地等，维持自然景观的功能，是保护生物多样性及合理开发利用资源的前提，是景观资源持续利用的基础。

(2) 持续性原则。景观生态规划以可持续发展为基础，致力于景观资源的可持续利用和生态环境的改善，保证社会经济的可持续发展。因为景观是由多个生态系统组成的具有一定结构和功能的整体，是自然与文化的复合载体，这就要求景观生态规划必须从整体出发，对整个景观进行综合分析，使区域景观结构、格局和比例与区域自然特征和经济发展相适应，谋求生态、社会、经济三大效益的协调统一，以达到景观的整体优化利用。

案例4—9

### 德州湾镇湿地公园再生计划

湾镇自然保护区目前已经拥有 400 英亩陆、水域土地，并且成为 275 种鸟类的家，包括 5 种濒危鸟种。而且，短吻鳄、鹿、狐狸及其他本地野生物也开始回来了。1997 年，本中心正式成为大德州滨海赏鸟路线(Great Coastal Texas Birding Trail)之一，这是一条 500 英里长的路线，连接海滨几个最佳赏鸟景点，如图 4-31～图 4-33 所示。

图 4-31　德州湾镇湿地公园鸟瞰图(1)

图 4-32　德州湾镇湿地公园鸟瞰图(2)

图4-33 德州湾镇湿地公园一角

该中心对大众开放，用来写生、钓鱼、赏鸟，并且成为五年级学生的户外教学场所；森林则即将成为散步道以及赏鸟点。人类聚落离开了，将半岛还给自然，恢复到以前那种森林与湿地马赛克交错的环境。社区从这项湿地再生计划中得到相当多利益：

(1) 贮存洪水，予以滞洪；

(2) 过滤洪水带来的沉积物、营养物质或其他污染物；

(3) 为野鸟及其他野生物提供栖地；

(4) 增加当地动植物的多样性；

(5) 从生态旅游中获得盈利；

(6) 提供教育及游憩的机会；

(7) 教育大众有关保护水资源的重要性。

该案例从全方位的视点诠释了景观生态规划的可持续原则，不仅为各种野生动物提供了休养繁殖的"家"，还具有一定的社会意义和经济效益，同时，该再生计划还能起到教育的作用，非常难得。

(3) 针对性原则。景观生态规划是针对某一地区特定的农业、旅游、文化、城市或自然景观，不同地区的景观有不同的构造、不同的功能及不同的生态过程，因此，规划的目的也不尽相同。

案例4—10

## 秦二世陵遗址公园

秦二世陵遗址公园承担着文化、历史等多重功能，针对该公园的功能，该园林景观规划的目的不仅是市民休闲，还承担着旅游、教育的功能，因此，设计相对庄严、规划相对严肃是该公园的设计特点，如图4-34～图4-37所示。

图 4-34 西安秦二世陵遗址公园(1)

图 4-35 西安秦二世陵遗址公园(2)

秦二世陵遗址公园位于曲江池遗址公园南岸,占地面积约 70 亩,其中建筑面积 4714 平方米。园区的主要建筑包括游客服务中心、展览馆主楼、展览馆副楼、秦二世陵墓等;功能内容上集遗址保护、秦文化表达、观光游览、公共公园、消费休闲等多种功能于一体。

该园区的建筑风格具有秦风特色,以直线、几何、阵列等简洁的手法构建秦文化的壮美、力量和宏大,与其他唐韵园林形成显著差异,成为曲江独具特色的遗址公园。该公园的修建就符合针对性原则,为历史遗址公园的修建提供了范例。

图 4-36　西安秦二世陵遗址公园(3)

图 4-37　西安秦二世陵遗址公园(4)

(4) 综合性原则。景观生态规划是一项综合性的研究工作。景观生态规划需要结合很多学科，景观的设计也不是某个人的个人工作，而是一个景观团队的合作。除此之外，园林景观的设计也是基于结构、过程、人类价值观的考虑，这就要求在全面和综合分析景观自然条件的基础上，考虑社会经济条件、经济发展战略和人口问题，还要进行规划方案实施后的环境影响评价，只有这样，才能增强规划成果的科学性和应用性。

案例4—11

### 景观别墅设计

随着园林景观设计逐步深入人们的生活，景观别墅设计也开始融入了园林景观的元素，如图 4-38～图 4-41 所示。

该组案例综合了生态学、植物学、人体工程学等多方面因素，才能够设计出令人舒服的景观别墅设计。

图 4-38　别墅庭院景观设计(1)

图 4-39　别墅庭院景观设计(2)

图 4-40　别墅庭院景观设计(3)

图 4-41　别墅庭院景观设计(4)

## 4.2　景观生态学在园林景观设计中的应用

如今，城市作为人居环境的典型，离不开生态系统的质量，离不开空气、光和水。但是，随着工业化的发展，现代城市人居环境越来越向自然环境的异化方向发展，人类的居室、办公室受到人工控制的程度越来越高，城市的空间逐渐被人造物所充塞。城市化的发展使得城市人口密度大大增加，此时园林景观在城市生态系统中承担了至关重要的角色。

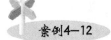

案例4—12

### 景观别墅设计

"DADA 的草地"艺术居住计划区的建筑总体上呈 U 形布局，围合朝向东面大海，环抱小区内约 30 000 平方米的中央花园，会所、小剧场、室内恒温泳池以及露天园林泳池等配套设施一应俱全，如图 4-42～图 4-44 所示。

此项目规划通过建筑的布局形成大型中央花园，同时通过景观设计解决场地中地下车库、入口广场与中央花园的高差问题，丰富景观的层次，提高了绿化景观的观赏性。例如主入口及次入口景观平台的设计，将 7 米的高差通过景观平台分解为三个景观层面，既提高了舒适性，也加强了景观的趣味性和观赏性。

整个项目充分考虑项目用地特点，紧密结合地块周边的自然环境、城市基础设施、交通状况以及城市气候特点等因素。以极具现代感的建筑风格、棕榈园与海洋文化相融合的亚热带风情园林，为住户提供一个高素质的居住休闲空间。

图 4-42 "DADA 的草地"艺术居住计划区(1)

图 4-43 "DADA 的草地"艺术居住计划区(2)

图 4-44　"DADA 的草地"艺术居住计划区(3)

## 4.2.1　景观生态学与城市居住园林景观设计

随着时代的发展和人们对生活质量要求的提高，人们对居住小区的要求在不断提高，而作为小区内部的园林景观，则成为人们日常生活的组成部分，在人们的生活中扮演着越来越重要的角色。因此，了解城市居住园林景观的生态设计也是了解园林景观设计的重要课程，而了解景观生态学与城市居住园林景观设计的关系，也成为园林景观设计师需要了解的工作。

案例4—13

### 万科第五园三期园林景观欣赏

万科第五园三期园林从中国传统建筑与园林中吸取营养，在用现代的建筑手法体现中式院落精神方面作出了重要尝试，如图 4-45～图 4-47 所示。中国的富贵阶层，历来讲究院落，按中国人传统居住心理，首先强调有宅必有园，始为富贵所在。物以类聚，人以群分，院落是中国富贵阶层挥之不去的居住情结和传统审美习惯，因此第五园的设计从中国人骨子里的庭院情结入手，重返实现传统的街坊邻里感，为具有高层次需要的塔尖人群打造现代的中式居所，这在第五园三期的 TH 内庭院设计里表现得更加突出。

用现代的建筑手法诠释中国园林景观受到了设计师和消费者的青睐，也成为城市园林景观的生态设计的重要角色。

图 4-45　万科第五园三期园林(1)

图 4-46　万科第五园三期园林(2)

图 4-47　万科第五园三期园林(3)

居住区的建设不仅影响着城市的整体风貌，反映城市的发展过程，其景观也是城市景观的主要组成部分。城市居住区景观具有生态功能、空间功能、美学功能和服务功能，其形态构成要素包括建筑、地面、植物、水体、小品等，景观生态建设强调结构对功能的影响，重视景观的生态整体性和空间异质性，因此，要充分发挥景观的各项功能，各构成要素必须和谐统一。

案例4—14

### 北京北纬 40°住宅小区景观设计

北京北纬 40°住宅小区位于北京朝阳区，项目的名称来自其位置与纬度线。HASSELL受托为此 13.8 公顷地块以及一旁的 11.8 公顷"公共绿化公园"进行景观设计，如图 4-48、图 4-49 所示。景观主轴由 5 个主题住宅花园构成。由于项目的所在地是北京，当地对用水量有所限制，因此项目的另一特点就是水源的高效使用。

该案例应用了串连景观艺术元素将这些花园连接起来。节水的设计从长远来看，不仅环保，还可以为住户节约用水量。

图 4-48　北京北纬 40°住宅小区景观设计(1)

图 4-49　北京北纬 40°住宅小区景观设计(2)

从城市居住区园林景观的功能看，其生态功能包括：改善小气候，保护土壤，阻隔降低噪音，利于生物栖息等。其美学功能包括：空间构成美(园林中的建筑、植物、水体等)、形态构成美(植物、铺地、小品等)。其服务功能包括：亲近自然以得到心理的满足，休闲功能等。

案例4-15

## 江苏南通一居先锋镇别墅小区

江苏南通一居先锋镇别墅小区不仅有优美的自然景观，又有尊贵、浪漫、优雅的新古典主义景观风格，如图4-50～图4-52所示。

该居住小区将法国规整式园林与中国古典园林结合起来，不仅有古典园林的轴线感及对称性，将建筑美与自然美统一起来，又有追求山、水、植物有机结合的意味，各元素之间相互协调，相互补充。

图4-50 江苏南通一居先锋镇别墅小区(1)

图4-51 江苏南通一居先锋镇别墅小区(2)

图 4-52　江苏南通一居先锋镇别墅小区(3)

## 4.2.2　景观生态学与现代景观设计

景观生态学为现代景观设计提供了理论依据，从理论角度可以分为以下几点。

(1) 景观生态学要求现代景观设计体现景观的整体性和景观各要素的异质性。

### 案例4—16

#### 日本 Andos Studio 的园林景观

图 4-53～图 4-55 所示为日本 Andos Studio 的花园设计，该项目初衷是开辟一块有趣且功能多样的植物空间。别墅本身属自由建造，并无规划。由此，建筑设计在四周，而地面的植物花园则处在项目正中间。建筑师秉承着日式建造中对爱的追求、对秩序的推崇，精诚于日本建筑中的细节、材质以及植物种类等进行花园的设计和建造。

图 4-53　日本 Andos Studio 的园林景观(1)

图 4-54　日本 Andos Studio 的园林景观(2)

图 4-55　日本 Andos Studio 的园林景观(3)

　　Andos Studio 善于在平凡的结构中组合出不凡的视觉印象,其出类拔萃的现代花园设计往往让人惊叹不已。从整体上看,花园就是一部关于流水、土地以及绿色植物的和声,完美融合并给人带来一种平和的心灵体验。

　　景观是由组成景观整体的各要素形成的复杂系统,具有独立的功能特性和明显的视觉特征。一个完善的健康的景观系统具有功能上的整体性和连续性,只有从整体出发的研究才具有科学的意义。景观系统具有自组织性、自相似性、随机性和有序性等特征。异质性是系统或系统属性的变异程度,空间异质性包括空间组成、空间构型、空间相关等内容。

## 彼得·沃克作品——美国加州麦康奈尔公园

　　美国加州麦康奈尔公园所在区域原本生态环境退化严重，PWP 事务所对其进行了修复。他们移除了表层土，种植了当地花草；重建了河岸区域；公园靠外的边缘重新种植了橡树、松树和雪松树林。公园原先有四个池塘，设计师通过设计将其中的三个联系在一起。重建的大坝作为线性通道；入口处的通道与现有平面相吻合，绕开了橡树和柿子树林。入口广场上也种植了橡树，还有石砌码头、迷雾喷泉、带有黑色大理石喷泉的小岛等充满美感的景观，如图 4-56～图 4-59 所示。经过整修的公园景色更加美观，里面的植被发展前景也更好，能更好地为人类服务。

图 4-56　彼得·沃克作品——美国加州麦康奈尔公园(1)

图 4-57　彼得·沃克作品——美国加州麦康奈尔公园(2)

图4-58 彼得·沃克作品——美国加州麦康奈尔公园(3)

图4-59 彼得·沃克作品——美国加州麦康奈尔公园(4)

　　该案例的特点不仅在于对原本的生态环境进行修复和重建,关键在于将不同的景观进行了解构和重构,使该景观成为一个完整的具有自组织性、自相似性和有序性的生态系统。

　　(2) 景观生态学要求现代景观设计具有尺度性。尺度标志着对所研究对象细节了解的水平。在景观学的概念中,空间尺度是指所研究景观单位的面积大小或最小单元的空间分辨率。时间尺度是动态变化的时间间隔。因此,景观生态学的研究范围基本是从几平方公里到几百平方公里、从几年到几百年。

　　尺度性与持续性有着重要联系,细尺度生态过程可能会导致个别生态系统出现激烈波动,而粗尺度的自然调节过程可提供较大的稳定性。大尺度空间过程包括土地利用和土地覆盖变化、生境破碎化、引入种的散布、区域性气候波动和流域水文变化等。在更大尺度的区域中,景观是互不重复、对比性强、粗粒格局的基本结构单元。

　　景观和区域都在"人类尺度"上(即在人类可辨识的尺度上)来分析景观结构,把生态功能置于人类可感受的范围内进行表述,这尤其有利于了解景观建设和管理对生态过程的影响。在时间尺度上,人类世代即几十年的尺度是景观生态学关注的焦点。

案例4—18

### 莲花湖湿地公园

　　北京清华城市规划设计研究院对铁岭市原有的莲花湖进行勘察，按照当时的尺度进行再次规划，将这里从一个几经衰退的湿地变为面积4700公顷的国家湿地公园，其中包括位于中央区域的629公顷中心保护区。经过重建的区域水体清洁，水域辽阔，为野生动植物提供了多种栖息地，还从社会和经济利益方面造福了当地居民。工程是以湿地修复、边界整修、清淤、输水排水、湿地人口动迁、植被修复、水产养殖和旅游观光为主的生态建设工程，如图 4-60～图 4-62 所示。

图 4-60　铁岭：莲花湖国家湿地公园(1)

图 4-61　铁岭：莲花湖国家湿地公园(2)

把握景观的尺度性有利于对景观进行管理，并使景观发挥更大的生态效益。清华城市规划设计研究院通过对莲花湖进行勘察，对景观的尺度进行了严格的把控，有助于景观的生态效益。

图 4-62　铁岭：莲花湖国家湿地公园(3)

(资料来源：百度文库. 莲花湖国家湿地公园景观规划[EB/OL]. (2021-10-22) [2023-12-15].
https://wenku.baidu.com/view/15c4661f14791711cc7917da.html)

(3) 景观生态学提出，景观的演化具有不可逆性与人类主导性。由于人类活动的普遍性和深刻性，人类活动对于景观演化起着主导作用，通过对变化方向和速率的调控可实现景观的定向演变和可持续发展。景观系统的演化方式受人类活动的影响，如从自然景观向人工景观转化，该模式成为景观系统的正反馈。因此，在景观的演化过程中，人们应该在创造平衡的同时实现景观的有序化。

除了以上三点之外，景观生态学还认为，景观具有价值的多重性，这既符合景观的价值，又符合园林景观的价值。园林景观具有明显的视觉特征，兼具经济、生态和美学价值，随着时代的发展，人们的审美观也在变化，人工景观的创造是工业社会强大生产力的体现，城市化与工业化相伴生；然而久居高楼如林、车声嘈杂、空气污染的城市之后，人们又企盼着亲近自然和返回自然，返璞归真成为时尚。如图 4-63 所示，这是智利利比亚里卡国家森林公园温泉景区的人行散步道，让人们通过自然的温泉的道路，感觉舒适无比。因此，实现园林景观的价值优化是管理和发展的基础，进而要以创建宜人的园林景观为中心。适于人类生存、体现生态文明的人居环境，包括景观通达性、建筑经济性、生态稳定性、环境清洁度、空间拥挤度、景观优美度等内容，当前许多地方对于居民小区绿、静、美、安的要求即是这方面的通俗表达。

图 4-63　智利利比亚里卡国家森林公园温泉景区人行散步道

### 4.2.3　景观生态学与城市景观

生态规划设计将作为城市景观设计的核心内容。生态规划设计是一种与自然相作用和相协调的方式。与生态过程相协调，意味着规划设计尊重物种多样性，减少对资源的剥夺，保持影响和水循环，维持植物生长和动物栖息地的质量，以有助于改善人居环境及生态系统的健康状况。生态规划设计为我们提供了一个统一的框架，帮助我们重新审视对景观、城市、建筑的设计以及人们的日常生活方式和行为。

城市景观与生态规划设计应达到相互融合的境地。城市的景观与生态规划设计反映了人类的一个新的梦想，它伴随着工业化的进程和后工业时代的到来而日益清晰。这个梦想就是自然与文化、设计的环境与生命的环境、美的形式与生态功能的真正全面地融合，它要让公园不再是孤立的城市中的特定用地，而是让其融入千家万户；它要让自然参与设计，让自然过程伴随每个人的日常生活；让人们重新感知、体验和关怀自然过程和自然的设计。

案例4—19

#### 国家级园林城市——佳木斯

经过国家住房和城乡建设部的综合评审，佳木斯市在组织领导、管理制度、景观保护、绿化建设、园林建设、生态环境、市政设施等方面均已达到国家园林城市的标准要求，成功晋升为国家级园林城市。

近年来，佳木斯市委、市政府始终把创建国家级园林城市工作摆在重要工作日程，以保护植物多样性、推进城乡园林绿化一体化、实现人与自然和谐发展、建设生态文明城市为宗旨，以创建国家园林城市、构建东部绿色滨水城市为载体，统筹规划，依法治绿、依规兴绿、科技建绿，致力把佳木斯建成园林绿化总量适宜、分布合理、植物多样、景观优美的绿色之城，如图 4-64～图 4-68 所示。

图 4-64　国家级园林城市佳木斯(1)

　　随着人们对生态的日渐重视，城市景观的生态化受到越来越多城市和城市居民的重视。佳木斯市将绿化建设、园林建设、生态环境、市政设施等方面作为建设园林城市的要求可见对景观生态的重视。

图 4-65　国家级园林城市佳木斯(2)

图 4-66　国家级园林城市佳木斯(3)

图 4-67　国家级园林城市佳木斯(4)

图 4-68　国家级园林城市佳木斯(5)

　　把生态绿化提升到环境效益高度。城市园林作为一个自然空间，对城市生态的调节与改善起着关键作用。园林绿地中的植物作为城市生态系统中的主要生产者，通过其生理活动的物质循环和能量流动，如光合作用的释放氧气、吸收二氧化碳，蒸腾作用的降温，根系矿化作用的净化地下水等，对城市生态系统进行改善，是系统中的其他因子无法代替的。现在需要特别重视的是，在生态理念下，采取有效措施优化城市绿化的环境效益。

　　结构优化、布局合理的城市绿化系统，可以提高绿地的空间利用率，增加城市的绿化量，使有限的城市绿地发挥最大的生态效益和景观效益。

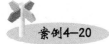

案例4—20

### 国家级园林城市——西宁

西宁气压低、日照长、雨水少、蒸发量大、太阳辐射强，日夜温差大，无霜期短，冰冻期长，冬无严寒，夏无酷暑，是天然的避暑胜地，有"夏都"之称。随着经济的全面发展和国家支持力度的不断加大，2000年，西宁市以城市道路、广场、街头绿化带为骨架，以市区各单位、住宅小区为内环，开始实施"双环"战略。

西宁通过规划建绿、建景增绿等途径增加防护林，并建成了很多个公园和小游园，无愧于国家级园林城市的称号，如图4-69、图4-70所示。

图4-69　国家级园林城市西宁(1)

图4-70　国家级园林城市西宁(2)

# 本 章 小 结

景观生态学将地理学与生态学结合为一体，通过生物与非生物之间的相互作用，运用生态系统原理和系统方法研究园林景观结构和功能，研究园林景观动态变化以及相互作用的机理，研究景观的美化格局、优化结构、合理利用和保护。通过园林景观元素的布局和优化使景观功能达到最佳，从而，既能达到环境友好，又能满足人类需求。生态化设计继承和发展传统景观设计的经验，遵循生态学的原理，建设多层次、多结构、多功能的科学植物群落，建立人类、动物、植物相关联的新秩序，使其在对环境的破坏影响最小的前提下，达到生态美、科学美、文化美和艺术美的统一，为人类创造清洁、优美、文明的景观环境。

课程思政

在学习园林景观设计与景观生态学时，除了学习具体的专业知识、方法以外，还要遵循以下原则：(1)可持续发展原则。尊重自然，因地制宜地利用山脉间的自然景观资源，并体现自然景观良好的发展规律。(2)延续地方文脉原则。秉承历史文脉，结合人文资源，充分发扬和挖掘地方历史文化内涵及民族风格，塑造具有历史文化氛围和本土文化底蕴的空间环境。(3)以人为本原则。积极创造环境优美、适用舒适、道路便捷、具有宜人尺度的户外活动空间，满足游客休闲观光活动需求。(4)可操作性原则。遵从市场经济发展规律，强调土地的综合利用和合理开发，做到远近结合，并对规划的实施和管理提出科学可行的策划指导意见。

思考练习题

1. 景观生态学的研究轨迹是什么？
2. 景观生态学对景观设计有什么指导作用？
3. 景观生态学的任务是什么？
4. 景观生态学对园林景观、城市景观的影响分别是什么？

实训课堂

实训课题：景观生态学文献资料与案例查阅。

(1) 内容：提交"景观生态学与园林景观设计"PPT 一份，包括：①景观生态学对园林景观设计的作用、意义和影响；②园林景观设计中应该怎样结合景观生态学原理；③相关景观生态设计案例；④最少阅读十篇景观生态学在园林设计中的应用的文章(观点要标注出参考文献)。

(2) 要求：内容充实，不少于 40 页，编排合理。

# 第 5 章

现代园林景观设计的元素
及设计程序

学习要点及目标

- 了解中外现代园林景观的特征。
- 了解现代园林景观的设计元素。
- 掌握园林景观的设计程序。

本章导读

中国古代园林的辉煌成就使中国园林被称为世界园林之母，历史推进到现当代，在今天，中国园林与世界园林出现了大发展、大融合的局面，虽然发展中存在不足，但总体势头对中国现代园林的发展有着积极的作用。在此大背景之下，园林景观设计师有更良好的学习、工作环境。因此，现代园林的发展规律及设计程序有必要让即将成为园林景观设计师的同学们好好学习一下，为以后的实践工作提供理论基础。

# 5.1  现代园林概述

## 5.1.1  中国现代园林

中国古典园林被称为世界园林之母，可见中国古典园林的历史文化地位。随着中国进入变化剧烈的近代历史进程，大量西方文化的涌入，中国的园林景观设计也面临着前所未有的机遇和挑战。

随着我国现代城市建设的发展，绿色园林景观的需求和发展成为此时园林景观界的主旋律。近年来，中国园林景观界形成了大园林思想。该理论继承和借鉴了国外多个园林景观理论，其核心是，将园林景观的规划建设放到城市的范围内去考虑，园林即城市，城市即园林。

该理论强调城市人居环境中人与自然的和谐，满足人们对室外空间的需求，为人类的休闲、交流、活动提供场所，满足人们对园林景观的审美需求。因此，大园林理论是城市建设发展的必然。

案例5—1

### 陶然亭公园

陶然亭公园位于北京市南二环陶然桥西北侧。全园总面积为 56.56 公顷，其中水面有 16.15 公顷。1952 年建园。它是中华人民共和国成立后，首都北京最早兴建的一座现代园林。

现代的陶然亭公园，是一座融古建与现代造园艺术为一体的以突出中华民族亭文化为主要内容的现代新型城市园林，如图 5-1～图 5-3 所示。

大园林思想强调城市中的景观建设是为人类的活动而建设的，陶然亭公园从各方面考虑，不仅为大园林思想的奠定提供了实践经验，还为当时首都的居民提供了休闲、活动的场所。

图 5-1 陶然亭公园(1)

图 5-2 陶然亭公园(2)

图 5-3 陶然亭公园为市民提供休闲的场所

中国现代园林景观设计以小品、雕塑(见图 5-4)等人工要素为中心，水土、地形、动植物等自然元素成了点缀，心理上的满足胜于物质上的满足。

图 5-4　当代艺术雕塑成为园林景观建筑中常见的元素

现代设计师甚至对自然的认识更加模糊，转而追求建筑小品、艺术雕塑等所蕴含的象征意义，用象形或隐喻的手法，将人工景观与自然景物联系在一起。如案例 5-2 中，将 Orquideorama 建筑小品融入自然景物中，不仅有很强的视觉冲击力，而且与生态相融合，体现了现代景观的价值观。

案例5—2

### Orquideorama 蜂巢建筑小品

Orquideorama 是哥伦比亚麦德林市植物园里的一个生态建筑小品，由 Plan B 设计，它主要以钢材和木材为原料，钢材为骨架，外面是木材包边，如图 5-5～图 5-8 所示。

图 5-5　蜂巢建筑小品外观

图 5-6 蜂巢建筑小品在园林景观中

图 5-7 蜂巢建筑小品(1)

图 5-8 蜂巢建筑小品(2)

该案例将建筑和有机生命体有效地结合起来。从微观来看，自定义的几何图案以及材料的组织结构都让建筑本身具有一种生活的性质；从宏观上看，整个建筑有一种很强的视觉效应，每一个单体采用了蜂窝的几何形态而连在一起，有系统地重复，不断地延伸开来，跟茂密的植物很好地融合在了一起。

## 5.1.2 西方现代园林

西方现代园林景观设计从 20 世纪早期萌发到当代的成熟，逐渐形成了融功能、空间组织及形式创新为一体的现代设计风格。20 世纪 20—30 年代，美国经济大萧条，对加州花园的形成起到了促进作用。

### 托马斯·丘奇与加州花园

托马斯·丘奇是美国现代园林的开拓者，他从 20 世纪 30 年代后期开始，开创了被称为"加州花园"的美国西海岸现代园林风格。丘奇等加州现代园林设计师群体被称为加利福尼亚学派，其设计思想和手法对今天美国和世界的风景园林设计有深远的影响。

丘奇最著名的作品是唐纳花园，如图 5-9 所示。

图 5-9　唐纳花园一景

加州花园是一个艺术型和社会型的构成，具有时代感、人性化、本土性的特征。它使美国花园的历史从对欧洲风格的复兴和抄袭转变为对美国社会、文化和地区的多样性的开拓，这种风格的开拓者就是托马斯·丘奇。丘奇的加州花园的设计风格平息了规则式和自然式的斗争，创造了建筑与自然相适应的形式。

20 世纪 30—40 年代，"斯德哥尔摩学派"的出现是建立在一种社会政治环境的基础上的，体现了一种社会思想。

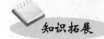
知识拓展

瑞典斯德哥尔摩学派是景观设计规划师、城市规划师、植物学家、文化地理学家和自然保护者的一个思想综合体。其目的是用景观设计来打破大量冰冷的城市构筑物，形成一个城市结构中的网络系统，为市民提供必要的空气和阳光，为每一个社区提供独特的识别特征，为不同年龄的市民提供消遣空间、聚会场所、社会活动场所，是在现有的自然基础上重新创造的自然与文化的综合体。

20 世纪 50—60 年代，景观规划设计事业迅速发展，设计领域不断扩展。

20 世纪 70 年代，在经历了现代主义初期对环境和历史的忽略之后，环境保护和历史保护成为普遍的意识。

现代园林设计一方面追求良好的使用功能，另一方面注重设计手法的丰富性、平面布置与空间的组织。现代园林设计呈现出自由性和多元化的特征。

案例5—4

### 柏蒂格罗夫公园

柏蒂格罗夫公园(Pettygrove Park)是波特兰市的一个供休息的安静而青葱的多树荫地区，曲线的道路分割了一个个隆起的小丘，路边的座椅透出安静休闲的气氛。

该案例不仅注重设计手法，还注重使用功能，使该公园呈现出自由性和多元化的特征。如图 5-10 所示，柏蒂格罗夫公园中隆起的小山丘显得更加绿意盎然；如图 5-11 所示，隆起的小丘、郁郁葱葱的大树、休息座椅和散落其间的阳光构筑了惬意的漫步空间。

图 5-10　柏蒂格罗夫公园

图 5-11　柏蒂格罗夫公园惬意的漫步空间

　　西方现代园林摆脱了古典园林程式的束缚，不再刻意追求烦琐的装饰，而是追求平面布局与空间组织的自由。植物只是一种造园素材，而不是主要内容，且人工修剪的造型日益减少。西方现代园林开始注重形体的活泼，而不是严格遵循轴线意识。西方现代园林开始注重生态与经济适用，注重亲切感和满足使用功能的室外空间的创造。

案例5—5

## 苏格兰宇宙思考花园

　　苏格兰宇宙思考花园位于苏格兰西南部的邓弗里斯，它是著名建筑评论家查尔斯·詹克斯于1990年建造的私家花园，如图 5-12～图 5-15 所示。

　　该花园摆脱了西方传统园林的束缚，开始注重形体的活泼，花园的建造设计源自科学和数学的灵感，建造者充分利用地形来表现主题，如黑洞等。

图 5-12　经典的地形景观

图 5-13　苏格兰宇宙思考花园(1)

图 5-14　苏格兰宇宙思考花园(2)

图 5-15　被世人称为生命之水的景观

### 5.1.3 现代园林的特点

中国现代园林景观设计有以下两个特点。

(1) 对传统的继承。中国现代园林保留和继承了置石的功能，也保留了水、植物的利用，这使中国现代园林依然焕发着旺盛的生命力。除此之外，中国现代园林景观设计中现代工程技术的应用使建筑、道路等景观小品更加整洁、优雅。

案例5—6

#### 美秀美术馆

美秀美术馆是著名建筑师贝聿铭的作品，贝聿铭被誉为"现代建筑的最后大师"。

贝聿铭向我们展现的是这样一个理想的画面：一座山，一个谷，还有躲在云雾中的建筑。许多中国古代的文学和绘画作品，都围绕着一个主题：走过一条长长的、弯弯的小路，到达一个山间的草堂，它隐在幽静中，只有瀑布声与之相伴……那便是远离人间的仙境。

美秀美术馆别具一格之处在于，除了它远离都市之外，最特别的是建筑 80%的部分都埋藏在地下。但它并不是一座真正的地下建筑，而是由于地上是自然保护区，在日本的自然保护法上有很多限制，因而出于保护自然环境的考虑，采取了与周围景色融为一体的建造方式。

美秀美术馆最大的特点是按照中国传统造园中常用的手法借景来截取自然的一部分，如图 5-16、图 5-17 所示。美秀美术馆的内庭院体现的是日式庭园，以可视不可游、白沙象海、置石象岛等手法充分体现了日式庭园以三维空间体现二维画面的庭园审美准则，如图 5-18 所示。

图 5-16　美秀美术馆外观

图 5-17　美秀美术馆的入口大厅

图 5-18　美秀美术馆的内庭院

(2) 新工艺为中国现代园林景观增添了特色。

近年来不断涌现的陶瓷制品的种类和品种可谓应有尽有。常应用于园林道路、广场铺装中，产生较好效果的种类有麻面砖、劈离砖等；应用于建筑、小品、景墙立面装饰的材料有彩釉砖、无釉砖、玻花砖、陶瓷艺术砖、金属光泽釉面砖、黑瓷装饰板、大型陶瓷装饰面板等。另外，由陶瓷面砖、陶板、锦砖等镶拼制作而成的陶瓷壁画，表面可以做成平滑或各种浮雕花纹图案，兼具绘画、书法、雕刻等艺术于一体，具有较高的艺术价值。

案例5—7

**现代园林景观材料之防腐木**

随着科学水平的提高，工程师们对园林景观的建筑材料也开始进行革新，防腐木就是其中之一，它的出现为户外木板或户外木质材料的质量提供了保障。

防腐木，是将木材经过特殊防腐处理后，具有防腐烂、防白蚁、防真菌的功效。专门用于户外环境的露天木地板，可以直接用于与水体、土壤接触的环境中，是户外木地板、园林景观地板、户外木平台、露台地板、户外木栈道及其他室外防腐木凉棚的首选材料，如图 5-19 所示。

图 5-19　防腐木在露天花园中有非常多的用途

防腐木根据使用条件来确定防腐剂的药量，具体看前些年发布的国家标准《防腐木材》(GB/T 22102－2008)。

还有一种没有防腐剂的防腐木——深度炭化木，又称热处理木。炭化木是将木材的有效营养成分炭化，通过切断腐朽菌生存的营养链来达到防腐的目的。是一种真正的绿色建材、环保建材。还有一种是纯天然的加拿大红雪松(红崖柏)，未经过任何处理，主要是靠内部含一种酶，散发特殊的香味来达到防腐的目的。

运用不同色彩的陶瓷砖在水池底铺成图案，大大增强了水池的景观表现力。

在现代园林中，金属材料除作为结构材料被广泛运用外，许多园林中还出现了用金属材料加工制作而成的园林小品，在园林环境中也别具魅力，如图 5-20 所示。

图 5-20　金属雕塑成为园林景观的一部分

## 5.2 现代园林景观的设计要素

随着社会的发展,人类对精神生活的追求越来越高,人们追求精神文明建设的愿望更迫切,在追求文化娱乐多元化的同时,更加注重周边环境的美化。拥有舒适、优雅、艺术化的生活、工作环境,是人们追求的共同目标。了解现代园林景观的设计要素是实现这一目标的基础。

景观的基本成分可分为两大类:一类是软质要素,如植物、水、风、雨、阳光等;另一类是硬质要素,如铺地、墙体、栏杆、建筑、小品等。软质要素通常是自然的;硬质要素通常是人造的。

### 5.2.1 软质要素

**1. 植物**

首先,我们了解一下园林景观设计的植物要素。

#### 库肯霍夫郁金香花园

库肯霍夫郁金香花园是荷兰人的骄傲,是世界上最大的球茎花园,也是荷兰最受欢迎的景点之一,如图 5-21 所示。

图 5-21 库肯霍夫郁金香花园

库肯霍夫郁金香花园占地 32 公顷,园内仅郁金香就有 140 余种,数量更是高达 450 万株。库肯霍夫郁金香花园内郁金香的品种、数量、质量以及布置手法堪称世界之最。公园的周围是成片的花田,园内由郁金香、水仙花、风信子,以及各类的球茎花构成一幅色彩繁茂的画卷。

植物要素是现代园林景观中常见的软质要素,该案例中,郁金香成了最著名的植物景观,是该花园的知名度高的重要原因。

植物在园林景观艺术中起到了很大的作用(见图 5-22、图 5-23)。植物造景定义为"利用乔木、灌木、藤木、草本植物来创造景观,并发挥植物的形体、线条、色彩等自然美,配置成一幅美丽动人的画面,供人们观赏。"

图 5-22　疏密有致的景观空间

图 5-23　利用台阶营造植物层次

植物在园林中有以下作用。

(1) 植物具有观赏功能。不同的植物形态各异,颜色多变,可以利用植物的特点给人们提供艺术的享受。可利用植物的不同特征和配置方法,塑造出不同的植物空间。如图 5-24 所示,纪念性建筑植物配置主要体现其庄严肃穆的场景,多用松、柏等,且多列植和对植于建筑前。如图 5-25 所示,塔状植物突出了建筑立面效果,使建筑显得更加高大。如图 5-26 所示,植物配置软化了入口的几何线条,起着增加景深、延伸空间的作用。

图 5-24　纪念性建筑植物配置

图 5-25　塔状植物

图 5-26　增加景深、延伸空间的植物配置

(2) 环保功能。合理配置绿化可以起到净化空气中有害气体的作用，同时植物的配置还可以减少噪音，给人们提供安静清新的园林空间。

(3) 改善气候。植物是改善小气候、提供舒适环境的最经济的手段，如图 5-27 所示。植物通过自身的特点，可以挡住寒风，可以作为护坡材料，减少水土流失。

图 5-27　墙体植物能够改善小气候

在成活率达标的基础上，利用植物造景艺术原理，形成疏林与密林、天际线与林缘线优美、植物群落搭配美观的园林植物景观，如图 5-28 所示。随着生态园林建设的深入和发展以及景观生态学、全球生态学等多学科的引入，植物造景同时还包含着生态上的景观、文化上的景观甚至更深更广的含义。

图 5-28　园林植物丰富了小品的艺术构图

### 2．水体

其次，水体是园林景观设计的软质要素之一，如图 5-29、图 5-30 所示。

水体是园林景观中最具动态特征的元素。水的外在特性是随着水体容器的特征的变化而变化，所以，水体具有可塑性。

图 5-29　瀑布成为园林一景

图 5-30　水体是园林景观最引人入胜的元素之一

水体有动水和静水之分。静有安详，动有灵性，如图 5-31、图 5-32 所示。

图 5-31　泳池成为现代景观的元素

图 5-32　瀑布是动水的一种形式

## 波茨坦广场水景设计

德国波茨坦广场水景设计之中蕴含的理念为：雨水在降落之地即应被就地使用。在波茨坦广场，绿化屋顶和非绿化屋顶的结合设计可以获取全年降雨量。雨水从建筑屋顶流下，作为冲厕、灌溉和消防用水。过量的雨水则可以流入户外水景的水池和水渠之中，为城市生活增色添彩，如图 5-33、图 5-34 所示。

图 5-33　德国：波茨坦广场水景设计(1)

图 5-34　德国：波茨坦广场水景设计(2)

植被净化群落融入到整个景观设计之中，用以过滤和循环流经街道和步道的水质、水体，而无任何化学净水制剂的使用。湖水水质很好，为动植物创造了一个自然的栖息场所。同时，由于净化雨水的再利用，也使得建筑内部净水使用量得以减少。

动水包括喷泉、瀑布、溪涧等，静水包括潭、湖等。

喷泉在现代景观的应用中可谓普遍与流行。喷泉可利用光、声、形、色等产生视觉、听觉、触觉等艺术感受，使生活在城市中的人们感受到大自然的水的气息，如图 5-35 所示。

图 5-35　夜晚的喷泉

尽管如此，人工的痕迹始终不可避免地展现出来。如果能将人工与自然巧妙结合，那一定会呈现另一种境界。

### 3．光影

最后，光影在园林景观设计中也占有非常重要的地位。

光与影自身存在艺术的特性，或是幽暗错落；或是明媚四射；或是迷离朦胧。如图 5-36 所示，人工光影也能带来很好的效果。

图 5-36　人工光影为园林景观增色不少

对于光来说，它主要分为大自然所赐予的光以及人通过主观能动性制造出的光。大自然赋予的光，如月光、阳光，总能给我们许多灵感，如图 5-37 所示。人造光能填补自然光的缺陷，营造不同凡响的艺术效果。对于影来说，其魅力也是无穷无尽的，类似于一处宝藏，我们总能在其中发现一丝感动，如图 5-38 所示。

图 5-37　自然光影带给园林景观的魅力

图 5-38　人工光影填补了自然景观的缺陷

对于现代园林景观设计来说，非常重视给人以立体视觉感受的造型艺术。为了营造这种立体视觉感受，设计者往往着眼于对光的利用。设计者在园林景观设计的过程中，要营造一种立体的视觉感受，就应该科学地利用光影这二元现象。可以借助阳光的照射角度来营造这种光影的关系；也可以利用玻璃以及水流等透明、通透的媒介营造一种光影立体视觉艺术的效果。

### 5.2.2　硬质要素

**1．铺地**

园林铺地是用各种材料进行地面的铺砌装饰，形式分为七类：规则式铺地、不规则式铺地、其他形状铺地、嵌草铺地(见图 5-39)、带图案的铺地、彩砖铺地、砂石铺地(见图 5-40)。

图 5-39　嵌草铺地

图 5-40　砂石铺地

园林道路，在园林环境中不仅具有分割空间和组织路线的作用，而且为人们提供了良好的休息和活动场所，同时还直接创造出了优美的地面景观，给人以美的享受，增强了园林艺术的效果。

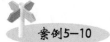
案例5—10

### 直落布兰雅山公园中的道路

高架人行道长 1.6 千米，起点始于直落布兰雅山公园(位于新加坡南部)，沿着 80 米长的亚历山大桥横跨亚历山大路，这条林中走道为市民提供了另外一条感受当地宝贵的自然资源的道路。这条道路的修建有助于将南部山脊区联系起来，包括花柏山、直落布兰雅山和肯特桥，将这几个公共区域连接起来，方便市民亲近自然。亚历山大桥弯曲的桥面位于亚历山大路上方 15 米的空间，拱形钢铁防护栏使大桥显得更加有生气，在夜晚则演化为一个梦幻感十足的雕塑。整个人行道还有一部分是在树冠之间穿梭的天桥，游人在蜿蜒的天桥上可以尽情欣赏城市自然风光，如图 5-41、图 5-42 所示。

图 5-41　林中走道(1)

图 5-42　林中走道(2)

　　园林景观中的道路对于人们来说最主要的作用是引导游客,其次是创造出优美的景观,该案例中的道路不仅为市民提供了具有引导性质的道路,还宛若一座雕塑,十分具有美感。

　　园林中的道路有别于一般纯交通道路,其交通功能从属于游览的要求,虽然也利于人流疏导,但并不是以取得捷径为准则的。

　　园林铺地在园林景观中具有以下作用:首先,引导作用。地面被铺装成带状或某种线形时,就构成园路,它能指明方向,组织风景园林序列,起着无声的导游作用。其次,影响游览的速度和节奏。最后,园林铺地是整个园林不可缺少的一部分,因此,铺地参与园林景观的创造。

　　铺地是园林景观设计的一个重点,尤其以广场设计表现突出。

案例5—11

### Stjepan Radić 广场

Stjepan Radić(斯捷潘·拉迪奇)广场(位于克罗地亚萨格勒布)是一个临着海滨的开放大广

场，一面向大海完全开放。广场的概念来源于"廊道"，具体体现在树线(树阵)上。用树线阻隔交通，围合空间，沿途创造出一系列不同的微环境。

为了克服广场两侧的高差，沿着树线在广场局部布置了"梯田"台阶，保证了临海面无障碍通行。落差主要分成两段，在高段落差层沿着树线设置休息区和餐饮区，因此人们可以在树荫下免受日晒雨打。临海的道路设置成为波浪起伏状，这样做主要是为了减缓过往车辆的速度，提高广场至大海的安全性。通过视觉和感知将行人道路与车行道路断开，在保证安全性的前提下，没有降低与大海直通的舒适性，如图 5-43～图 5-45 所示。

图 5-43　Stjepan Radić 广场(1)

图 5-44　Stjepan Radić 广场(2)

图 5-45　Stjepan Radić 广场(3)

广场设计中的铺地设计对于整个广场设计来说十分重要，不仅要保证行人的安全，还要保证广场的整体设计感。该案例对于铺地设计就是一个典范，在视觉和感知上保证了行人的安全，也保证了临海面的无障碍通行。

## 2. 墙体

过去，墙体多采用砖墙、石墙，虽然古朴，但与现代社会的步伐已不协调。蘑菇石贴面墙现正受到广大群众的青睐。不但墙体材料已有很大改观，其种类也变化多端，有用于机场的隔音墙，用于护坡的挡土墙，用于分隔空间的浮雕墙等。另外，现代玻璃墙的出现可谓一大创作，因为玻璃的透明度比较高，对景观的创造能起到很大的促进作用。随着时代的发展，墙体已不单是一种防卫象征，它更多的是一种艺术感受。

案例5-12

### 赛尔甘斯布花园

赛尔甘斯布花园(见图 5-46、图 5-47，位于法国巴黎)布置在一大块空地周围，与布局相匹配。花园沿着中轴布置，连接林荫大道的视线。中央的池塘收集雨水，并通往地下一个巨大的罐子。由于池塘的存在，花园可以发展成为生存环境。除此之外，还布置了花园的其他功能设施，如儿童游乐场、阅读室、园丁之家等。

图 5-46　赛尔甘斯布花园

图 5-47　赛尔甘斯布花园的墙体设计

作为公共花园，这座花园的静谧显而易见，市民在这个花园中能够感受到舒心的感觉。栅栏似的墙体设计不仅起到隔断的作用，而且使整个花园的空间显得不那么拥挤。

### 3．小品

建筑小品一般是指体型小、数量多、分布广，功能简单、造型别致，具有较强的装饰性，富有情趣的精美设施，如图 5-48～图 5-50 所示。园林建筑小品是园林景观设计的重要组成部分，起着组织空间、引导游览、点景、赏景、添景的作用，如雕塑、座椅、电话亭、布告栏、导游图等。

图 5-48　国外精选景观小品

图 5-49　座椅是功能性景观小品的一种

图 5-50  植物、水体、石可以组合成不错的小品

# 5.3  现代园林景观的设计程序

## 5.3.1  前期调查研究工作

同任何设计工作一样，在进行园林景观设计之前，要开展充分的调查研究工作，对规划范围内的地形、水体、建筑物、植物、地上或地下管道等工程设施进行调查，并做出评价。

规划者应对以下方面进行调查：

(1) 对建设单位进行调查，了解建设单位的性质、经济能力和管理能力。

(2) 对社会环境进行调查，了解城市规划中的土地利用、交通、电信、环境质量、当地法律法规等相关内容。

(3) 对历史人文等进行调查，如地区规模、历史文物、当地居民的生活习惯、历史传统等。

(4) 对用地现状进行调查，如地形、方位、建筑物、可以保留的古树、土壤、地下水位、排水系统等。

(5) 对自然环境进行调查，如气温、日照天数、结冰期、地貌地形、水系、地质、生物、景观等内容。

(6) 规划设计图的准备情况，如现状测量图、总体规划图、技术设计测量图、施工所需测量图等。

## 5.3.2  编写设计大纲工作

设计大纲是园林景观设计的指示性文件。编写设计大纲应遵循以下步骤：

第一，明确设计的原则；

第二，明确该项目在该地的地位和作用，以及地段特征、四周环境、面积大小和游人的容纳量；

第三，设计功能分区和活动项目；

第四，确定建筑物的项目、容人量、面积、高度、建筑结构和材料的要求；

第五，拟定规划布置在艺术、风格上的要求，园内公用设备和卫生要求；

第六，做出近期、远期的投资以及单位面积造价的定额；

第七，制定地形、地貌的图表，以及水系处理的工程规划；

第八，拟出该园分期实施的程序。

### 5.3.3　总体设计方案

在充分熟悉规划地区的资料之后，就进入了总体设计方案的阶段，对占地条件、占地特殊性和限制条件等进行分析，定出该地区的规模。

功能图是指组织整理和完成功能分区的图画。也就是按规划的内容，以最高的使用效率来合理组合各种功能，并以简单的图画形式表示，合理组织功能与功能的关系。

如园林绿地面积较大，地面现状较复杂，可将图号等大的透明纸的现状地形地貌图、植物分布图、土壤分布图、道路及建筑分布图，层层重叠在一起，以利消除相互之间的矛盾，做出详细的总体规划图。

总体设计方案阶段，需做出如下内容。

#### 1．位置图

位置图用于表现该区域在城市中的位置、轮廓、交通、与四周街坊环境的关系，利用园外借景，处理好障景。

#### 2．现状分析图

根据分析后的现状资料分析整理，形成若干空间，对现状做综合评述。可用圆圈或抽象图形将其概括地表示出来。

在现状分析示意图(见图 5-51)上，可分析该区域设计中有利和不利因素，以便为功能分区提供参考依据。

图 5-51　海口市万绿园规划设计方案之现状分析示意图

### 3．功能分区图

功能分区图(见图 5-52)用于根据规划设计原则和现状分析图确定该区域分为几个空间，使不同的空间反映不同的功能，既要形成一个统一整体，又能反映各区内部设计因素间的关系。

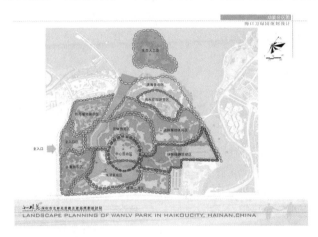

图 5-52　海口市万绿园规划设计方案之功能分区示意图

### 4．总体设计方案平面图

根据总体设计原则、目标，总体设计方案平面图(见图 5-53)应包括以下内容：

第一，该场地与周围环境的关系：界线、保护界线、面临街道的名称、宽度；周围主要单位的名称或居民区等；与周围的分界是围墙或透空栏杆，要明确表示。

第二，该场地主次出入口位置、道路、内外广场、停车场。

第三，该场地的地形总体规划、道路系统规划。

第四，该场地建筑物、构筑物等布局情况，建筑平面要能反映总体设计意图。

第五，该场地植物设计图。

第六，准确标明指北针、比例尺、图例等内容。

图 5-53　海口市万绿园规划设计方案之总体设计方案平面示意图

### 5．竖向规划图/地形设计图

地形是全园的骨架，竖向规划图/地形设计图要求能反映出该场地的地形结构。竖向规划图/地形设计图应包括以下内容：

第一，根据规划设计原则以及功能分区图，确定需要分隔遮挡成通透开敞的地方。

第二，根据设计内容和景观需要，绘出制高点、山峰、丘陵起伏、缓坡平原、小溪河湖等陆地及水体造型；水体要表明最高水位、常水位、最低水位线。

第三，要注明入水口、排水口的位置(总排水方向、水源以及雨水聚散地)等。

第四，确定园林主要建筑所在地的地坪标高，桥面标高，各区主要景点、广场的高程，以及道路变坡点标高。

第五，必须表明该场地周边市政设施、马路、人行道以及邻近单位的地坪标高，以便确定该场地与四周环境之间的排水关系；用不同粗细的等高线控制高度及不同的线条或色彩表示出图面效果。

### 6．道路系统规划图

道路系统规划图(见图 5-54)可协调修改竖向规划的合理性，其内容包括：

第一，确定主次出入口、主要道路、广场的位置和消防通道的位置。

第二，确定主、次干道等的位置，各种路面的宽度，排水坡度(纵坡、横坡)。

第三，确定主要道路的路面材料和铺装形式。

在图纸上用虚线画出等高线，再用不同粗细的线条表示不同级别的道路和广场，并标出主要道路的控制标高。

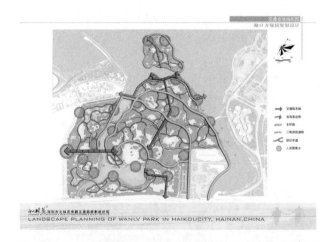

图 5-54　海口市万绿园规划设计方案之道路系统规划示意图

### 7．绿化规划图

根据规划设计原则、总体规划图及苗木来源等情况，在绿化规划图(见图 5-55)中安排全园及各区的基调树种，确定不同地点的密林、疏林、林间空地、林缘等种植方式和树林、树丛、树群、孤立树以及花草栽植点等。

还要确定最好的景观位置(即透视线的位置)，应突出视线集中点上的树群、树丛、孤立树等。图纸上可按绿化设计图例表示，树冠表示不宜太复杂。

图 5-55　海口市万绿园规划设计方案之绿化规划示意图

### 8．园林建筑规划图

对园林建筑规划图的要求是：在平面上，反映出总体设计中建筑在全园的布局、各类园林建筑的平面造型。除平面布局外，还应画出主要建筑物的平面、立面图，以便检查建筑风格是否统一、与景区环境是否协调等。

## 5.3.4　局部详细设计阶段

技术设计也称为详细设计。

根据总体规划设计要求，进行每个局部的技术设计。它是介于总体规划与施工设计阶段之间的设计。

包括如下图面：

公园出入口设计(建筑、广场、服务小品、种植、管线、照明、停车场)，如图 5-56 所示；各分区设计(主要道路、主要广场的形式)；建筑及小品、植物的种植、花坛、花台面积大小、种类、标高；水池范围、驳岸形状(见图 5-57)、水底土质处理、标高、水面标高控制；假山位置、面积、造型，标高，等高线；地面排水设计；给水、排水、管线、电网尺寸；方格施工图。

图 5-56　公园出入口设计

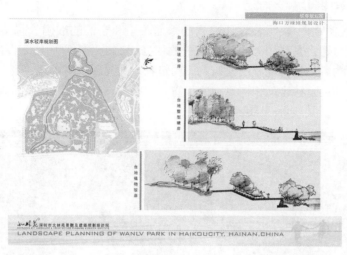

图 5-57　海口市万绿园规划设计方案之驳岸规划示意图

另外，根据艺术布局的中心和最重要的方向，作出断面图或剖面图，如图 5-58 所示。

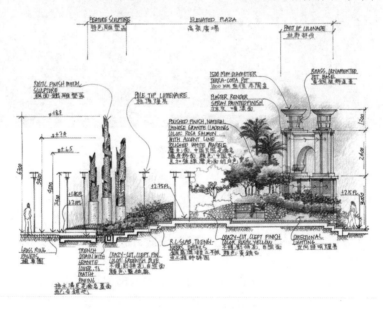

图 5-58　贝尔高林经典景观剖面图

## 5.3.5　施工设计阶段

根据已批准的规划设计文件和技术设计资料和要求进行设计。要求在技术设计中未完成的部分都应在施工设计阶段完成，并做出施工组织计划和施工程序。在施工设计阶段要做出施工总图、竖向设计图、道路广场设计、种植设计、水系设计、园林建筑设计、管线设计、电气管线设计、假山设计、雕塑设计、栏杆设计、标牌设计；做出苗木表、工程量统计表、工程预算表等。

### 1．施工总图(放线图)

施工总图(放线图)用于表明各设计因素的平面关系和它们的准确位置；标出放线的坐标网、基点、基线的位置，其作用一是作为施工的依据，二是作为平面施工图的依据。

图纸包括如下内容：保留现有的建筑物、构筑物、主要现场树木等；设计地形等高线、高程数字、山石和水体；园林建筑和构筑物的位置；道路广场、园灯、园椅、果皮箱等；放线坐标网做出工程序号、透视线等(见图5-59)。

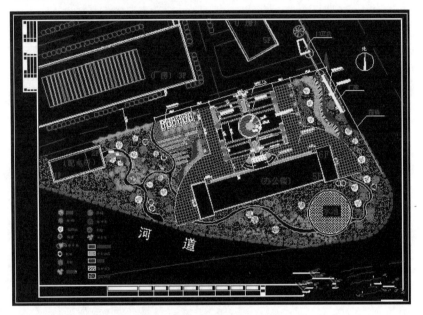

图5-59　施工总图

### 2．竖向设计图(高程图)

竖向设计图(高程图)用以表明各设计因素的高差关系(见图5-60)。如山峰、丘陵、高地、缓坡、平地、溪流、河湖岸边、池底、各景区的排水方向、雨水的汇集点及建筑、广场的具体高程等。一般绿地坡地不得小于0.5%，缓坡度在8%～12%，陡坡在12%以上。

图纸包括如下内容：

(1) 平面图。依竖向规划，在施工总图的基础上表示出现状等高线、坡坎、高程；设计等高线、坡坎、高程、同一地点；设计的溪流河湖岸边、河底线及高程、排水方向；各景区园林建筑、休息广场的位置及高程；挖方填方范围等。

(2) 剖面图。主要部位的山形、丘陵坡地的轮廓线及高度、平面距离等；注明剖面的起讫点，编号与平面图配套。

### 3．道路广场设计

道路广场设计主要表明园内各种道路、广场的具体位置，宽度、高程、纵横坡度、排水方向；路面做法、结构、路牙的安装与绿地的关系；道路广场的交接、拐弯、交叉路口、不同等级道路的交接、铺装大样、回车道、停车场等(见图5-61)。

图 5-60　高程图示例

图 5-61　湖南郴州苏仙广场设计

图纸包括如下内容：

(1) 平面图。依照道路系统规划，在施工总图的基础上，用粗细不同的线条画出各种道路广场、台阶山路的位置。在主要道路的拐弯处，注明每段的高程、纵横坡度的坡向等。

(2) 剖面图。比例一般为 1∶20。首先画一段平面大样图，表示路面的尺寸和材料铺设方法，然后在其下方作剖面图，表示路面的宽度及具体材料的拼摆结构(面层、垫层、基层等)、厚度、做法。每个剖面都编号，并与平面图配套。

### 4．种植设计图(植物配植图)

种植设计图(植物配植图)主要用于表现树木花草的种植位置、品种、种植方式、种植距离等。图纸包括如下内容：

(1) 平面图。根据树木规划，在施工总图的基础上，用设计图例画出常绿树、阔叶落叶树、针叶落叶树、常绿灌木、开花灌木、绿篱、灌木篱、花卉、草地等的具体位置，以及品种、数量、种植方式、距离等。至于如何搭配，同一幅图中树冠的表示不宜变化太多，花卉、绿篱的表示也应统一。针叶树可加重突出，保留的现状树与新栽的树应区别表示。复层绿化时，可用细线画大乔木树冠，但不要压冠下的花卉、树丛花台等。树冠尺寸大小以成年树为标准，如大乔木为5～6米，孤立树为7～8米，小乔木为3～5米，花灌木为1～2米，绿篱宽为0.5～1米。树种名、数量可在树冠上注明，如果图纸比例小，不易注字，可用编号的形式，在图旁附上编号树种名、数量对照表。成行树要注上每两株树的距离，同种树可用直线相连。

(2) 大样图。重点树群、树丛、林缘、绿篱、花坛、花卉及专类园等，可附大样图，比例用1∶100。要将组成树群、树丛的各种树木位置画准，注明品种、数量，用细线画出坐标网，注明树木间距。在平面图上方作出立面图，以便施工参考。

### 5．水系设计图

水系设计图用于表明水体的平面位置、形状、大小、深浅及工程做法。图纸包括如下内容：

(1) 平面位置图。依竖向规划以施工总图为依据，画出泉、小溪、河湖等水体及其附属物的平面位置。用细线画出坐标网，按水体形状画出各种水的驳岸线、水底线和山石、汀步、小桥等的位置，并分段注明岸边及池底的设计高程。最后用粗线将岸边曲线画成折线，作为湖岸的施工线；用粗线加深山石等。

(2) 纵横剖面图。水体平面及高程有变化的地方都要画出剖面图，通过这些图表示出水体的驳岸、池底、山石、汀步及岸边处理的关系。

(3) 进水口、溢水口、泄水口大样图，包括暗沟、窨井、厕所、粪池等，还有池岸、池底工程的做法图。

(4) 水池循环管道平面图。在水池平面图的基础上，用粗线将循环管道走向、位置画出，标明管径、每段长度、标高以及潜水泵型号，并加简单说明，确定所选管材及防护措施。

### 6．园林建筑设计图

园林建筑设计图用于表现各景区园林建筑的位置及建筑本身的组合、尺寸、式样、大小、高矮、颜色及做法等。如以施工总图为基础画出建筑的平面位置、建筑底层平面、建筑各方向的剖面、屋顶平面、必要的大样图、建筑结构图及建筑庭院中活动设施工程、设备、装修设计。画这些图时，可参考"建筑制图标准"。

### 7．管线设计图

管线设计图在管线规划图的基础上，表现出上水(消防、生活、绿化用水)、下水(雨水、污水)、暖气、煤气等各种管网的位置、规格、埋深等。图纸包括如下内容：

(1) 平面图。在种植设计图的基础上，表示管线机各种井的具体位置、坐标，并标明每段管的长度、管径、高程以及如何接头等；每个井都要有编号。原有干管用红线或黑的细线表示；新设计的管线机检查井，则用不同符号的黑色粗线表示。

(2) 剖面图。画出各号检查井，用黑粗线表示井内管线及截门等交接情况。

## 8．电气管线设计图

在电气规划图的基础上，将各种电器设备、绿化灯具位置及电缆走向位置表示清楚。

在种植设计图的基础上，用粗黑线表示出各路电缆的走向、位置及各种灯的灯位及编号、电源接口位置等。注明各路用电量、电缆选型敷设、灯具选型及颜色要求等。

## 9．假山、雕塑、栏杆、踏步、标牌等小品设计图

做出山石施工模型，便于施工者掌握设计意图；参照施工总图及水体设计画出山石平面图、立面图、剖面图，注明高度及要求。

## 10．苗木表及工程量统计表

苗木表包括编号、品种、数量、规格、来源、备注等，工程量统计表包括项目、数量、规格、备注等。

## 11．设计工程预算

设计工程预算包括土建部分(按项目估出单价，按市政工程预算定额中的园林附属工程定额计算出造价)和绿化部分(按基本建设材料预算价格计算出苗木单价，按建筑安装工程预算定额的园林绿化工程定额计算出造价)。

## 本 章 小 结

随着中国现代城市的发展与园林景观设计开始与国际接轨，中国现代园林在继承和发扬的同时，已然走出了适合自己的道路。在不断接受新思想、新思路的过程中，中国现代园林景观的发展开始于国际园林景观的发展融合，并在科技进步的今天，不断有新工艺为中国现代园林添彩添色。在逐步了解园林景观的特点之后，了解现代园林的构成要素及构成过程，也成为非常必要的工作。

课程思政

本章学习的是现代园林景观设计的元素与设计程序，在学习相关知识的过程中，要思考将现代园林景观设计和生态环境相结合。我国城市非常注重可持续发展以及生态环境的保护，遵循生态优先的发展原则，合理进行园林景观规划，以此确保生态效益、社会效益以及经济效益的均衡发展。

思考练习题

1. 中国现代园林景观与中国传统园林景观有什么异同？
2. 西方现代园林有哪些特点？
3. 举例说明现代园林设计的要素有哪些。
4. 现代园林景观的设计程序有哪些？分别指出各设计程序在整个设计过程中的重要性。

实训课堂

实训课题：平地广场设计(约50平方米)。

(1) 内容：以"在平原地区的广场设计"为题，根据本章中园林景观的设计程序，画出重点过程的效果图。

(2) 要求：学生以个人为单位，以50平方米的平地广场为表现对象，按照本章中提到的设计过程中需要完成的效果图，使用电脑绘图软件绘出6~8张自己认为最重要的效果图。

# 第 6 章

## 园林景观设计的手绘技法

**学习要点及目标**

- 了解园林景观设计的透视基础。
- 掌握园林景观设计的构图原则。
- 掌握园林景观设计的多种手绘技法。

**本章导读**

　　同其他设计课程一样，园林景观设计师也需要用图来表达构思，用图画来进行交流。同其他设计学科的设计师一样，透视图是最重要的，掌握手绘透视图，成为一切作图的基础。手绘效果图是把景观的平面、立面根据资料画成一幅尚未成实体的画面，如图6-1所示。将三维空间的形体转化成具有立体感的二维画面空间的绘画技法，并真实地体现设计师的思路和预想。手绘效果图不仅要注意材质感，对于画面的色彩、构图等问题，透视画技法在绘图技法上负很大的责任，因为优秀的手绘效果图不仅超越了建筑施工图，还具有优秀绘画的品格。本章将会从理论和实践的角度讲述园林景观设计手绘图的创作技法。

图6-1　园林景观设计图为设计提供蓝本

# 6.1　园林景观设计的透视基础

## 6.1.1　透视的基本理论

　　透视意为"透而视之"，含义就是通过透明平面(透视学中称为"画面"，是透视图形产生的平面)观察、研究透视图形的发生原理、变化规律和图形画法，最终使三维景物的立体空间形状落实在二维平面上，如图6-2所示。

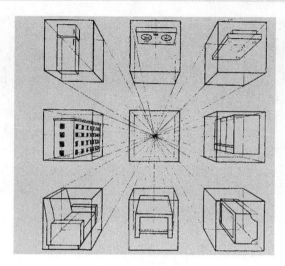

图 6-2 透视的基础

正式研究透视图的第一个人是 15 世纪意大利建筑家布鲁内勒斯基，随后由马萨奇奥等人继承，到了达·芬奇和拉斐尔等人时，透视图就日渐成熟，成为西方透视图法的主流。

透视有三个分支：第一个分支研究物体远离眼睛时看来变小的原因，称为缩形透视。第二个分支研究颜色离眼远去时变化的方式。第三个分支，阐明物体何以愈远愈模糊。即：线透视、色透视与隐没透视。这就是达·芬奇的透视理论。

### 达·芬奇的《最后的晚餐》

画作《最后的晚餐》是意大利画家达·芬奇于 1495—1497 年费时三年为一所修道院的餐厅所作的壁画。这幅画对后世的影响想必大家都知道，它的确有值得我们学习和敬仰的地方。此作品着重刻画耶稣的门徒在听到主说"你们中间有一个人要出卖我了"的时候所表露出来的不同的心理反应。

这幅作品的整个画面严谨、均衡，富于变化。无论从构思的完美、情节的紧凑，还是形象的塑造与技法的纯熟上都极为出色地表达出当时人们对宗教的热忱，更是对古代社会所崇尚的艺术精神与科学理念的完美展现。

画家在空间及远近法的处理上也有他独到之处。他巧妙而又精确地运用了透视法则，把一切透视都集中在耶稣头上，在视觉上使他成为统辖全局的中心人物；同时达·芬奇还巧妙地延伸了壁画的空间。整个画面远远望去，感到纵深很远，从耶稣背后的窗口，可以看到耶路撒冷美丽的黄昏景色。专家们认为是画家参照自己家乡佛罗伦萨的风景画成的。此外，达·芬奇还正确地运用透视原理，把《最后的晚餐》画在食堂墙壁上部，使水平线恰好与画中的人物和桌子构成一致。因而使进入食堂的观众产生视觉和心理上的错觉，仿佛自己也参加了耶稣和众门徒举行的晚餐，有如临其境、如闻其声之感，如图 6-3 所示。

图 6-3　达·芬奇的《最后的晚餐》

案例 6—2

## 拉斐尔的透视名画《雅典学院》

拉斐尔的名画《雅典学院》是迄今画坛最有名的表现透视空间的作品。该画不仅出色地显示了拉斐尔的肖像画才能，而且发挥了他所擅长的空间构成的技巧。

该画空间纵深感强烈，从柱子，到天花板，到地板的图案，都在显示透视空间的变化和延伸。这幅画在空间变化和透视的描绘方面是后辈无法企及的。它不仅增强了画面的空间深远感，连地面的图案、拱顶的几何装饰结构，都精确到可以用数学来计算。

《雅典学院》这幅画中，拉斐尔把不同时期的人全都集中在一个空间，古希腊罗马和当代意大利五十多位哲学家、艺术家、科学家汇聚一堂，表现自己笃信人类智慧的和谐和对人类智慧的赞美。这么多哲学家集中于一个画面，拉斐尔很聪慧地把不同的人物，按其个别的思想特点，以最易让人理解和感觉的方法绘画出来。

《雅典学院》整个背景和构图，如同舞台空间一样，观众面对这幅画就如同亲临剧场一般。采用透视法以二维空间呈现三维空间的纵深，如图 6-4 所示。拉斐尔将柏拉图和亚里士多德变成剧中人物，(他把柏拉图绘成达·芬奇的脸，表达对达·芬奇的敬重)以他二人为中心，激动人心的辩论场面向两翼和前景展开，仿佛正在"表演"一出古希腊思想史，唯心和唯物之争。

图 6-4　拉斐尔的《雅典学院》

如今，透视画法不但是写生素描的基础，也成为设计表现的最重要的方法。

由于人的眼睛特殊的生理结构和视觉功能，任何一个客观事物在人的视野中都具有近大远小、近长远短、近清晰远模糊的变化规律，同时人与物之间由于空气对光线的阻隔，物体的远、近在明暗、色彩等方面也会有不同的变化，如图 6-5 所示。

图 6-5　空气对透视的影响

透视画和绘画、雕刻不同，不能用纯粹形态单独完成，不能视透视画为专门的技术，而只学其技巧就自认为大功告成了，必须和原设计方案密切配合，掌握设计意图，才能充分表现设计者的思想构思。除此之外，透视图还可以用材质、结构、色彩、光影等向一些没有学过图学的人或者客户传达内容，使其进一步了解设计师的构想与做法，如图 6-6 所示。

图 6-6　手绘平面图有利于项目施工

157

关于透视，有以下几个重要的概念：

**视平线**——与画者眼睛高度一致的线，简称 H.L。视平线决定被画物的透视斜度，被画物高于视平线时，透视线向下斜，被画物低于视平线时，透视线向上斜。

**心点**——眼睛正对着视平线上的一点。

**视点**——画者眼睛的位置。

**视距**——画面与视点的距离。

**视中线**——就是视点与心点相连，与视平线成直角的线。

**灭点**——就是与画面不平行的成角物体，在透视中伸远到视平线心点两旁的消失点。

**天点**——就是近高远低的倾斜物体(房子房盖的前面)，消失在视平线以上的点。

**地点**——就是近高远低的倾斜物体(房子房盖的后面)，消失在视平线以下的点。

透视有三种类型。

(1) 平行透视(也称一点透视)。一个立方体只要有一个面与画面平行，透视线消失于心点的作图方法，称为平行透视，如图 6-7 所示。

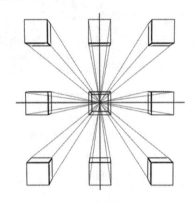

图 6-7　平行透视

平行透视是一种表达三维空间的方法。当观者直接面对景物，可将眼前所见的景物，表达在画面之上。通过画面上线条的特别安排，来组成人与物或物与物的空间关系，令其具有视觉上立体及距离的表象，如图 6-8～图 6-10 所示。

图 6-8　一点透视实景图

图 6-9　一点透视手绘示例图

图 6-10　典型的一点透视图

特点：心点无论在物体内部或外部，物体与视平线始终保持平行或垂直的关系。

案例6—3

### 著名手绘设计师沙沛的手绘图

手绘设计师沙沛是国内著名设计师，国内顶级的手绘表现专家，其作品如图 6-11～图 6-13 所示。

沙沛的手绘非常细腻、严谨，并且懂得景观的取舍，该细致的地方细致到极致，该软化的地方不惜留白；线条和透视比例关系相当完美。

图 6-11　著名设计师沙沛的手绘设计图(1)

图 6-12　著名设计师沙沛的手绘设计图(2)

图 6-13　著名设计师沙沛的手绘设计图(3)

(2) 成角透视(二点透视)。一个立方体任何一个面均不与画面平行(即与画面形成一定角度)，但是它垂直于画面底平线。它的透视变线消失在视平线两边的余点上，称为成角透视，也称二点透视，如图 6-14 所示。

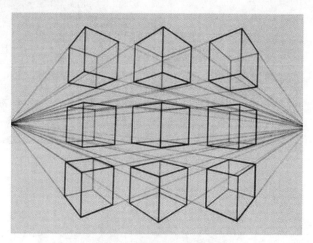

图 6-14　成角透视示例图

成角透视是指观者从一个斜摆的角度，而不是从正面的角度来观察目标物。因此观者看到各景物不同空间上的面块，也看到各面块消失在两个不同的消失点上。这两个消失点皆在水平线上。成角透视在画面上的构成，先从各景物最接近观者视线的边界开始。景物会从这条边界往两侧消失，直到水平线处的两个消失点，如图 6-15～图 6-18 所示。

两点透视的特点：画面生动、立体感强。大部分景观设计采用此方法。

图 6-15　两点透视手绘图(1)

图 6-16　两点透视的园林景观手绘图

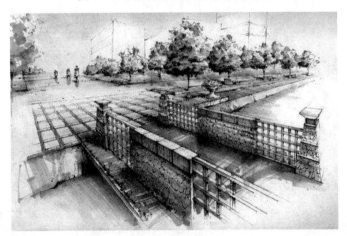

图 6-17　两点透视手绘图(2)

图 6-18　两点透视手绘图(3)

(3) 倾斜透视(三点透视)。一个立方体任何一个面都倾斜于画面(即人眼在俯视或仰视立体时)，除了画面上存在左右两个消失点外，上或下还产生一个消失点，因此作出的立方体为三点透视，如图 6-19 所示。

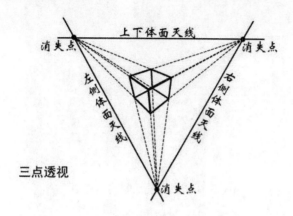

图 6-19　三点透视示例图(1)

此种透视的形成，是因为景物没有任何一条边缘或面块与画面平行，相对于画面，景物是倾斜的。当物体与视线形成角度时，因立体的特性，会呈现往长、阔、高三重空间延伸的块面，并消失于三个不同空间的消失点上，如图 6-20 所示。

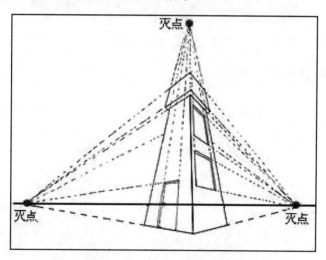

图 6-20　三点透视示例图(2)

三点透视的构成，是在两点透视的基础上多加一个消失点。此第三个消失点可作为高度空间的透视表达，而消失点可在水平线之上或下。如第三个消失点在水平线之上，正好象征物体往高空伸展，观者仰头看着物体；如第三个消失点在水平线之下，则可表达物体往地心延伸，观者是垂头观看着物体。三点透视在园林景观中应用较少，在景观设计中应用相对较多，如图 6-21 所示。

图 6-21　三点透视效果图

## 6.1.2　手绘透视图的构图基础

构图，在绘画中就是画面组成的意思。艺术家为了表现作品的主题思想和美感效果，在一定的画面空间内，合理安排和处理人、物、景的关系和位置，把个别或局部的形象组成艺术的整体，如图 6-22 所示，将各个元素和谐地放于一幅画中是构图的目的。

图 6-22　手绘景观图

为了更好地把握手绘效果图的方法，更好地表现效果图，学习构图基础是非常必要的。

### 1. 学会取景

取景是学习构图的先决条件，取景时明确取景的主体概念。在取景构思中，应首先明确使用哪种透视类型，可以将几种透视类型进行比较。取景的层次分为近景、中景、远景。

近景：是距视线出发点最近的一个表现区域，内容多为植物和人物等配景，如图 6-23 所示。

图 6-23　园林景观效果图之近景

中景：是画面的核心区域，通常是表现的主体内容，如图 6-24 所示。

图 6-24　园林景观效果图之中景

远景：其目的是进一步加强景深效果并起到对中景的空余部分进行填充封闭的作用，如

图 6-25 所示。

图 6-25　园林景观效果图之远景

**2. 了解构图比重**

构图比重是构图表现的主要形式之一，也是手绘效果图的原则之一。构图比重的原则分上下比重关系和左右比重关系。

上下比重关系，也可以称为"分界线关系"，也就是我们常说的地平线。在多数园林景观中，地平线的确定应该在画面中心靠下的位置，上下比例关系大致为 3∶2，这样符合人的正常视高，画面更加具有稳定感，如图 6-26、图 6-27 所示。

图 6-26　合适的构图比重

**图 6-27　适合人的构图比重**

左右比重，与手绘构图中的 VP 点的位置有直接关系。VP 点侧重于构图的那一侧，配景内容的表现密度就相对侧重，还可以将多数近景安排在那一侧，略微加大这一侧的体量表现，突出对近景的描述。采用根据 VP 点来确定左右比重关系的方法可以求得一种视觉感受的平衡，避免画面结构的倾斜和绝对均衡，同时为深入构图创造余地，如图 6-28 所示。

**图 6-28　构图的左右比重可以使构图更加平衡**

构图比重主要体现在图画内容的体量和疏密上，这与景深处理有直接关系，特别是对近景的安排上。

构图比重涉及取景、透视、精神、表现手法等多方面的问题，因此需要把握的要点是"比重平衡"。

## 6.2　园林景观设计的表现技法

如今园林手绘表现受到广大设计公司及设计师的重视，园林手绘表现手段也变得更加丰富多样。曾几何时，电脑效果图被众多设计师所推崇，但经过数年的发展后，园林景观的表现形式受到了极大的限制。电脑效果图的千篇一律已经不能适应时代的发展，而园林手绘则更加突出设计师的主观性，借助各种表现工具可以画出丰富、新颖的园林设计作品。

园林手绘表现主要有钢笔画、马克笔画、彩铅画和水彩画，但更多情况是多种设计工具取长补短、相互结合，以达到更加快速表现的效果。

### 6.2.1　钢笔画的绘制技法

园林景观设计的表现对象主要是花草树木、山石水景、园路和园林建筑物等，园林景观的手绘图可以通过手绘工具表现这些园林景物。在如今电脑绘画、三维制作普遍的情况下，培养设计师的手绘能力，使设计师的手绘与技巧完美配合，钢笔就是最好的工具，同时，钢笔也是最传统、最常用的工具，如图 6-29 所示。

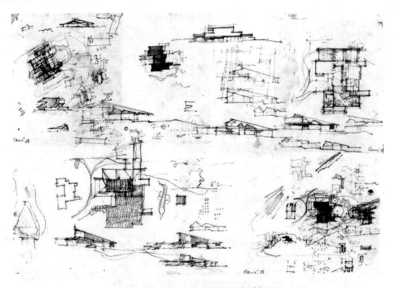

图 6-29　设计草图图例(钢笔画)

钢笔画的绘制不需要特别的纸张、颜料和画笔等特殊画材，最常见的普通钢笔就能满足绘画的所有要求，天然具有简易方便的特点。钢笔画属于素描的一种，它的绘画表现依靠的是单色线条的平面组织。无论在哪种绘画形式中，线条都是形成最终画面的最基本元素，可以说线条是反映思维图像的最直接的媒介，如图 6-30 所示。因此钢笔画也许并不能形成最眩目的视觉效果，但是却能最直接地反映思维过程。作为设计过程中探索设计思维的辅助手段，设计师的钢笔草图不是为了绘制打动受众的表现图，而是为了帮助设计师发展设计思路、推敲设计方案，这恰是对设计思维的一种反映。因此在众多画种中钢笔画最适合用来作为设计草图的绘制。

图 6-30 黑白线条的手绘效果图

黑白线条的勾画是设计师最朴实的艺术语言，景观钢笔画具有较高的概括表现力，往往通过几笔的勾勒就能看出设计师的创作水平和艺术功底，这也成为如今钢笔画手绘表现在设计师人群中被倡导的原因之一，如图 6-31、图 6-32 所示。

图 6-31 优秀的钢笔手绘园林景观(1)

图 6-32　优秀的钢笔手绘园林景观(2)

除此之外，景观钢笔手绘图只需要一张白纸和一种钢笔及常用的绘画仪器，就能表现出线条、亮度、质感等，可谓是一种速度快、效率高、表现能力强且简易的工具。

学习钢笔画的方法就是进行大量的写生练习。

(1) 从园林中植物的平面图开始说起。

平面图中，用平面符号和图例表示园林植物。平面图中的树干均用大小不同的"黑点"表示其粗细，用不同的圆形表示不同的树种，如图 6-33、图 6-34 所示。

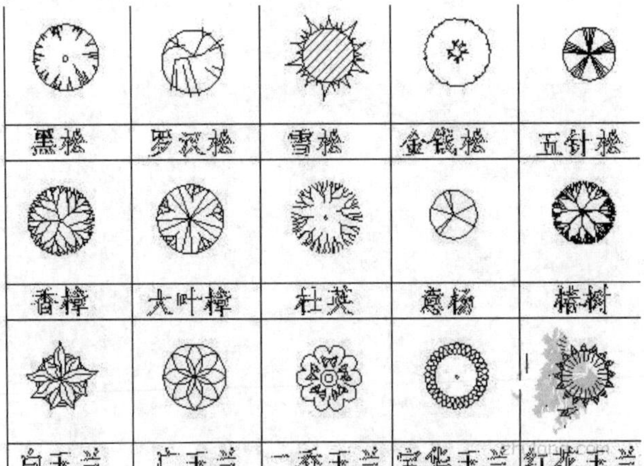

| | | | | |
|---|---|---|---|---|
| 黑松 | 罗汉松 | 雪松 | 金钱松 | 五针松 |
| 香樟 | 大叶樟 | 杜英 | 意杨 | 槠树 |
| 白玉兰 | 广玉兰 | 二乔玉兰 | 宝华玉兰 | 红花玉兰 |

图 6-33　树木的平面图画法

(2) 树木的画法对于园林景观设计也相当重要。

自然界中树木的种类繁多，千变万化，在透视图或立面图中表现树木的原则是：省略细部、高度概括、画出树形、夸大枝叶，如图 6-35 所示。

需要注意树木的枝干特征，这是提高设计师对植物手绘掌握水平的前提。画树之前要明确各树种的区别。画树枝不仅要有左右伸展的枝干，还要画出前后枝干的穿插，使树木具有立体感。

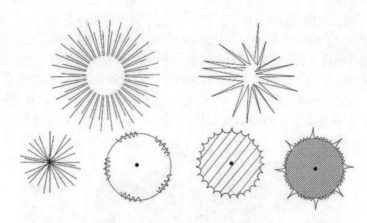

图 6-34　钢笔手绘的植物平面图画法

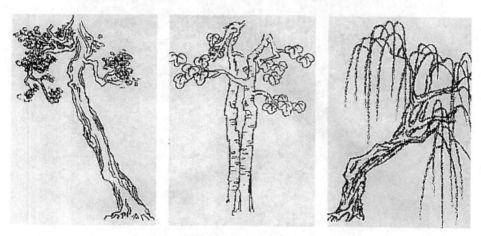

图 6-35　省略细部、高度概括、画出树形、夸大枝叶

　　树木的形状也是需要设计师在手绘过程中必须掌握的，每种树木都有自己的树冠结构，在进行手绘的过程中，可以将树冠外形概括为几种几何形体，如圆锥形、球形、半球形、尖塔形等，如图 6-36 所示。

图 6-36　概括的植物轮廓

　　树木的种类不同，树形、枝干、叶形、树干的纹理和质感也各有差异，也要靠组织不同的线条来描述，如图 6-37 所示，同一园林中的不同植物要有不同的表现手法。例如圆锥针叶树油松、云杉等，应在圆锥形树冠轮廓线内按针叶排列方向画线表现针状叶，然后在枝叶稀疏处加上枝干。松树多用成簇的针叶排成伞状，树干的纹理像鱼鳞状的圈，圈的大小不宜过于整齐，如图 6-38 所示。再如，杨树枝叶茂密，树干通直光滑有横纹及气孔，在树冠轮廓线内用三角形表示，树叶多数画在明暗交界线及背光部位，不宜画满，然后画树干穿插于叶片之间。

图 6-37　植物的不同表现

图 6-38　松树的钢笔画效果图

(3) 远景树无须区分树叶和树干，只需画出轮廓剪影，即林冠线轮廓。

(4) 整个树丛还需上深下浅，有层次，表示近地空气层所造成的深远感，近景树应当细致地描述出树枝和树叶特征，树干应画出树皮的纹理特点，如图 6-39、图 6-40 所示。

图 6-39　不同植物的不同画法(1)

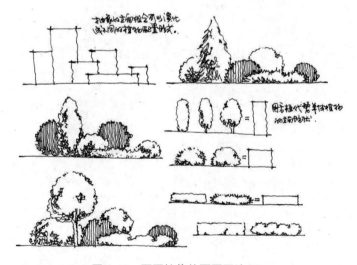

图 6-40　不同植物的不同画法(2)

山石水体的画法也在钢笔画手绘图中占有重要地位。画山石常常大小穿插，非常有层次，线条的转折流畅有力，如图 6-41～图 6-43 所示。以湖石为例，湖石是经过熔融的石灰岩，纹理纵横，自然地形成沟、缝、洞穴。用钢笔画湖石多为线描，先勾轮廓，轮廓线自然，用曲线表现纹理，之后着重画出大小不同的洞穴，同时加深背光面，以画出洞穴的深度。

图 6-41　园林速写——山石的画法(1)

图 6-42　园林速写——山石的画法(2)

图 6-43　石的不同表现

水体的画法相对其他画法较为简单。为表现静水，常用拉长的水平线画水，近水粗而疏，远水细而密，这是画水的原则，平行线留白表示受光部分。动水常用网巾线表示，波形的线条表示动水面。

## 6.2.2　马克笔画的绘制技法

马克笔快速表现是一种既清洁且快速有效的表现手段，如图 6-44 所示。马克笔的一大优势就是方便、快捷，工具也不像水粉、水彩那么复杂，有纸和笔就可以。笔触明确易干，颜色纯和不腻。颜色多样，不必频繁调色，绘制方便。

图 6-44　马克笔的手绘图

马克笔分为水性和油性两类。水性马克笔色彩鲜亮且笔触明确，缺点是不能重叠笔触，否则会造成颜色脏乱，容易浸纸。油性马克笔色彩柔和，笔触自然，缺点是比较难于控制。因此在用马克笔表现之前，要做到心中有谱或者先在一张别的纸上做一个小稿再上正稿。

使用马克笔，要求笔法肯定，且有力度，如图 6-45 所示。

图 6-45　马克笔的笔法

因马克笔的自由特征，它不适合做大面积的涂染，只需要概括性地表达，通过笔触进行排列，如图 6-46 所示。也不适合表达细节，如树叶等。

使用马克笔的手绘步骤如下：

(1) 先用铅笔起草图，再用针管笔或钢笔勾勒，注意物体的层次和主次，注意细节的刻画，如图 6-47 所示。

图 6-46　对马克笔笔触的了解

图 6-47　马克笔手绘的第一个步骤

(2) 从近处或者从中心物开始，从简单到复杂，也可以按照个人习惯画，如图 6-48 所示。

图 6-48　马克笔手绘的第二个步骤

(3) 按照物体的固有色给物体上色，确定画面的基本色调，如图 6-49 所示。

(4) 逐步添加颜色，刻画细部，加深暗部色彩，加强明暗关系的对比统一画面，如图 6-50 所示。

图 6-49　马克笔手绘的第三个步骤

图 6-50　马克笔手绘的第四个步骤

由于马克笔的表现具有既清洁且快速有效的特点，因其方便、快捷的特性受到了很多设计师的青睐。工具也不像水粉、水彩那么复杂，有纸和笔就可以。笔触明确易干，颜色纯和不腻。颜色多样，不必频繁调色。这些都是马克笔广受欢迎的原因，也让马克笔成为园林景观设计最重要的表现方式之一，如图 6-51～图 6-53 所示。

图 6-51　马克笔的表现(1)

图 6-52　马克笔的表现(2)

图 6-53　马克笔的表现(3)

### 6.2.3　彩色铅笔的绘制技法

　　彩色铅笔使用方便，技法简单，风格典雅，所以很受设计人员的喜爱，图例如图 6-54 所示。

　　目前市场上常见的彩色铅笔有两种：一种是普通的蜡基质彩色铅笔，另外一种是水溶性彩色铅笔，图例如图 6-55 所示。水溶性彩色铅笔遇水后可晕化，产生水彩效果，如果用作水彩、水粉效果图的辅助工具，彼此可以相得益彰。但是这种铅笔多为进口，价格较昂贵。

　　要是单独画彩色铅笔画，选用蜡基质铅笔即可，除了价格实惠外，它最大的优点就是附着力很强，有优越的不褪色性能，即使用手涂擦，也不会使线条模糊，图例如图 6-56、图 6-57 所示。

图 6-54　彩色铅笔的细腻受到了设计师和客户的喜爱

图 6-55　不同类别的彩色铅笔能画出不同的效果

图 6-56　彩色铅笔的特性可以使设计图更加有层次感

图 6-57　加州康科德手绘图之一

　　由于彩色铅笔是尖头绘图工具，因此如果绘制大幅面的图纸会花费大量的时间，但缓慢的速度也意味着你可以精确地描绘细部形象，图例如图 6-58、图 6-59 所示。

　　彩色铅笔效果图的风格有两种，一种突出线条的特点，它类似于钢笔画法，通过线条的组合来表现色彩层次，笔尖的粗细、用力的轻重、线条的曲直、间距的疏密的因素的变化，带给画面不同的韵味，如图 6-60 所示；另一种是通过色块表现形象，线条关系不明显，相互融合成为一体，如图 6-61 所示。

　　另外选用的纸张也会影响画面的风格，光滑的纸面使彩色铅笔画细腻柔和；粗糙的纸面可使线条出现间断的空白，形成一种粗犷美。

　　彩色铅笔表现是比较基础的绘画方法，具有比较强大的表现力，如图 6-62、图 6-63 所示。

图 6-58　彩色铅笔可以细腻地刻画细部

图 6-59　彩色铅笔的表现

图 6-60　运用彩色铅笔的线条突出层次

图 6-61　运用彩色铅笔绘出大面积晕染的效果

图 6-62　加州康科德手绘图之二

图 6-63　用彩色铅笔绘制的鸟瞰图

　　用笔的轻重缓急、纵横交错，能使画面达到比较丰富的效果。总的特点是操作方便，比较便于修改，但是由于其笔触较小，大面积表现时应注意时间的限制条件，可以考虑结合其他更为便捷的方法快速完成。比如用钢笔线勾勒轮廓和明暗关系，以马克笔表现大的色调，然后在一些色彩变化处或细节处用彩色铅笔来进行细部刻画，熟练者也可以全部采用彩色铅笔表现，如图 6-64 所示。

图 6-64　彩色铅笔和马克笔的手绘景观图

### 6.2.4　水彩的表现技法

水彩的表现力比较丰富，效果明显，但是较难掌握，如图 6-65、图 6-66 所示。

图 6-65　日本大师手绘的水彩作品

图 6-66　水彩园林景观手绘图

#### 北林学生保送清华景观专业手绘展示

　　该案例是北京林业大学学生的作品，如图 6-67、图 6-68 所示。

　　对于学风景园林的学生，美术是必不可少的基本功。设计师是创造美的职业，个人对美的认知和感受能力是至关重要的，学习美术是提高自己审美能力的绝佳，也是必要的途径。同时，准确的造型能力是设计表达的基础，能帮助设计师更好地传达自己的想法。

图 6-67　查兹沃斯庄园鸟瞰复原创作图

图 6-68　扬州瘦西湖一隅

水彩可分为干画法和湿画法。

干画法，是最基本的画法，是重要的方法之一。

干画法分为重叠法、缝合法两种。重叠法是最普遍采用的技法，也是历史最悠久的一种技法，如图 6-69 所示。

重叠法是在第一笔颜色干后，重复地再加上第二、三遍色彩，由于色彩的多次重叠，可产生明确的笔触趣味。这种技法在时间的控制上可以按部就班地随自己的意向进行，可以避免像渲染法那般手忙脚乱，是比较适合初学者学习的技法。它是一种素描重于色彩的画法，可以描绘对象准确的轮廓、体积感、井然的空间及层次分明的画面主题，特别是对光影的表现，更有其独到之处。

图 6-69　水彩景观的干画法(1)

　　从另一面讲，重叠法也有它的不足之处，例如：它易流于碎、呆板和灰脏，不易表现潇洒流畅的主题，且易受到对象的牵制。

　　干画法一般要求水色充沛饱满。即调好颜色后，笔端膨胀丰满，提笔稍慢，笔尖会滴落水色。其后是画在纸上，水分会明显地高出纸面许多，随着从上到下，从远到近地走笔，纸上始终保持着充沛的水分，但也不应该流淌失控，如图 6-70 所示。

图 6-70　水彩景观的干画法(2)

利用水色未干，较快地反复地添加，称为湿画法。湿画法也是水彩画最基本的手法之一，如图 6-71、图 6-72 所示。因为它的艺术效果含蓄柔润，非常适合表现园林景观。

图 6-71　水彩园林景观的湿画法(1)

图 6-72　水彩园林景观的湿画法(2)

水彩的基本技法，离不开时间、水分、色彩三个要素，而湿画法尤须注意这三者的运用和配合，如图 6-73 所示。比如远处呈现的山峦，往往是在天空的底部，须在天色将干未干时，迅即以肯定的笔触和较浓稠的颜色绘之。加早了，山色会被不断下淌的水分所冲掉，无法塑造远山起伏的优美曲线；加晚了，则会失去湿画法特有的迷蒙含蓄的空间美。

图 6-73　园林景观的水彩表现

# 本 章 小 结

　　手绘设计是园林景观设计师必须掌握的设计语言；手绘图的快速表现能够激发设计师的灵感，是设计师与客户沟通的桥梁。尽管如今电脑绘画越来越普遍，但手绘的技法也是考验设计师是否合格的标准。因此，作为一名园林设计者，在了解手绘重要性的同时，要加强自身手绘能力，提高手绘水平。

课程思政

　　本章学习园林景观设计的手绘技法，手绘设计本质上就是一种创造性活动，其设计成果往往比借助科技设计的成果更有感染力。新形势下加强对中华文化的自信感和认同感的培养，发扬工匠精神，既是思想政治的需要，又具有迫切的现实意义。要深入挖掘中华优秀传统文化，文化是民族和个人的根，时代发展都与其息息相关。培养对中华文化的认同感在当今社会对助力构建文化价值体系、弘扬中华优秀传统文化方面起着重要作用。

思考练习题

　　1. 透视的类型有哪些？分别有什么特点？
　　2. 构图在园林景观的手绘工作中有哪些作用？

3. 构图比重在手绘工作中的作用有哪些？

4. 钢笔画的手绘有哪些特点？如何进行手绘练习？

5. 在钢笔画的手绘中，树木、石头的手绘都分别有哪些特点？

6. 马克笔、彩色铅笔、水彩这三种手绘分别有什么特点？

实训课堂

实训课题：临摹作业。

(1) 内容：临摹3张马克笔、彩色铅笔、水彩完整的园林手绘效果图。

(2) 要求：每位同学在课下，临摹3张不同工具的手绘图，要求上色，每张有 A3 纸大小。

# 第 7 章

## 园林景观设计的发展趋势

- 掌握目前我国园林景观设计的现状。
- 了解园林景观设计的发展趋势。
- 学习园林景观设计的特点及设计原则。

**本章导读**

园林景观设计以集约型、生态型、艺术型为发展前景，就是为了改善当今我国园林景观设计所存在的弊端。强化集约型发展趋势是建设可持续发展园林景观的关键，生态园林理念是园林景观设计中生态趋势的重要理念，生态与艺术相结合的趋势是园林景观设计的实现途径。

# 7.1 集约型园林景观设计的趋势

我国是一个人口众多、资源相对不足的国家，随着经济的迅猛发展，我国多项建设出现了资源浪费和资源过量攫取的现象，造成了资源的不足和对环境的破坏。为此，我国政府提出了坚持科学发展观、建设节约型社会的政策。由此看来，将科学发展观和建设节约型社会的理念融入到园林设计中，并发展成为集约型园林设计是如今景观设计的必由之路，也是重要趋势。

集约型园林景观设计是集约型园林体系的一个重要方面，集约型园林体系是一个综合体系，是经济、历史、文化、能源、生态等多方面因素互相作用、互相影响的体系，它是建立在园林发展与社会、经济发展相协调的基础之上的。因此，包括集约型园林景观设计在内的集约型园林体系是未来的发展趋势。

## 7.1.1 土地资源的集约

集约型园林景观设计就是将原有的要素进行优化集约，目的是实现资源的合理利用。土地资源是指已经被人类利用或者未来可能被人类利用的土地，具有总量有限、稀缺性、可持续性等特点。土地资源是园林景观的物质基础，因此，实现土地资源的集约是园林景观设计的趋势。

园林景观设计应避免土地浪费，实现土地的多重利用效果，在同一块土地上建设不同的建筑项目，从而实现土地空间的立体性效果。

园林景观设计应有效利用废弃的土地，将废弃的工厂或者关闭的公园在生态方面进行再恢复之后，使之再次成为园林景观，这种可持续的做法成为很多发达国家乐此不疲的城市园林景观设计的方法。

**案例7-1**

### 北京"798艺术区"

北京"798艺术区"是国营798厂等电子工业的老厂区，占地60多万平方米，当年是国家"一五"期间的重点项目之一，是社会主义阵营对中国的援建项目。

这些工厂有典型的包豪斯风格，是实用和简洁完美结合的典范，也体现了德国人在建筑质量上的追求。比如这些建筑的防震性，一般可以抵御 8 级地震；比如厂房窗户朝北，保持了天光的恒定性。

2002 年，做艺术网站的美国人罗伯特租下了回民食堂，他的很多合作对象看中了这里廉价的租金，开始在这里做艺术工作室和艺术展览，从此，"798 艺术区"成了艺术的村落，如图 7-1、图 7-2 所示。

图 7-1　北京"798 艺术区"(1)

图 7-2　北京"798 艺术区"(2)

利用废旧的工厂作为艺术区，成为"798 艺术区"，是进行土地集约的典范。斑驳的红砖墙、错落有致的工业厂房、鲜明的标语，都是北京这个城市独特的记忆，昔日的厂房如今成了艺术的聚集地，是景观生态设计的显著体现。

土地集约的主要对策有以下几种。

(1) 利用复合绿地，最大限度地提高土地的利用率。比如，公园的草坪可以与应急停机场相结合，不仅可以完成绿化功能，也能提高土地的使用功能；大力推广屋顶绿化、重视绿化率。

### 国内设计师设计的屋顶花园

该案例是我国国内设计师的屋顶花园作品，如图7-3～图7-6所示。

该花园是国内设计师的作品，从设计的效果图到设计的最后呈现非常接近，不仅实现了土地的节约，提高了土地的利用率，绿色植物对环境还有保护的作用。

图7-3 国内设计师设计的屋顶花园效果图

图7-4 该花园中各个元素配合得非常巧妙

图 7-5　屋顶花园的地面非常具有禅意

图 7-6　园林小品不仅与主题相符，还体现了设计师的品位

(2) 保护优质绿地，合理利用不良生态用地。做好因地制宜，将一些不良生态用地，如盐碱地、废弃工厂等重新利用。

(3) 在进行土地集约的过程中，严格执行城市绿化规划建设指标的规定，不得轻易降低绿化指标。

案例7-3

### 俞孔坚作品——上海世博后滩公园

后滩公园建立了一个可以复制的水系统的生态净化模式，同时创立了新的公园管理模式，它建成后不再需要大量人力物力去维护，而是让自然做功，为解决当下中国和世界的环境问题提供一个可以借鉴的样板；后滩公园深情地回望农业和工业文明的过去，并憧憬于生态文明的未来，放声讴歌生态之美、丰产与健康的"大脚"之美、蓬勃而烂漫的野草之美；生动地注解了"城市让生活更美好"的世博理念，如图 7-7～图 7-10 所示。

图 7-7　上海世博后滩公园的步行道景观

图 7-8　上海世博后滩公园的生态美景

图 7-9　世博后滩公园的建筑景观

图 7-10　上海世博后滩公园的油菜花景观

公园保留并改善了场地中黄浦江边的原有 4 公顷江滩湿地，在此基础上对原沿江水泥护岸和码头进行生态化改造，恢复自然植被。同时，整个公园的植被选用适应于江滩的乡土物种，芦笛翻飞，乌桕成林，更有群鱼游憩、白鹭戏水，一派生机勃勃，实现了"滩"的回归。

在江滩的自然基底上，选用了江南四季作物，并运用梯田营造和灌溉技术解决高差和满足蓄水净化之功效，营造都市田园。春天菜花流金，夏时葵花照耀，秋季稻菽飘香，冬日翘摇(紫云英别称，也称红花草)铺地，无不唤起大都市对乡土农业文明的回味，使土地的生产功能得以展示，并重建都市人与土地的联系。

在自然江滩与都市田园的基础上，保留、再用和再生了原场地作为钢铁厂的记忆。工厂厂房的保留完成了土地的集约，江滩湿地的保留与改善完成了该项目绿化的面积及生态指标。四季作物的选用完成了该项目的绿化指标。总之，该案例从土地集约方面起到了典范作用。

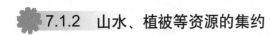

### 7.1.2 山水、植被等资源的集约

保护不可再生的资源、实现资源价值最大化是园林设计集约趋势的体现之一。山水、植被等资源是地球上的稀缺资源，如果浪费，后果不堪设想，这是人类生活的必需品，也是人类的共同财富。

园林景观设计应该慎用这些资源，最大程度地保持这些资源的原貌，或者对这些资源进行合理化的运用。

**北欧园林设计案例 1——落叶即成风景**

世界上很多国家在园林设计方面追求自然、尊重自然、崇尚自然。

在北欧的城市中，每到秋冬季节，大大小小的街道都铺满了落叶，这些落叶不仅是季节的最好的象征，还是大自然赐予的最好的有机物，成为这些城市独特的风景线，如图 7-11 所示。

图 7-11　落叶即成风景

当落叶成为北欧园林设计的元素的时候，也完成了园林景观设计的元素的集约，不追求刻意、崇尚自然的北欧园林不仅没有造成资源的浪费，还使园林更加具有特点。

以自然为主体是保护自然资源的途径之一，随着自然生态系统的严重退化和人类生存环境的日益恶化，人们对自然与人类的关系的认识发生了根本性的变化。人是自然中的一员，园林景观设计也要遵循人是自然的一部分，追求自然，保护自然。

**北欧园林设计案例 2——动物也是园林景观设计的元素**

在丹麦首都哥本哈根，随处可以看见人们悠闲地喂食麻雀。在著名学府剑桥大学，成群的鸽子在天空飞翔，结队的野鸭在水中游弋。在伦敦的白金汉宫前的大片森林绿地中，松鼠和鸟类迎接着八方游客。在很多欧洲城市中，雕塑上边甚至随处可见粪便，当地的导游告诉游客，只有将这些粪便留在雕塑上，才能吸引更多鸟类驻足。

除了案例 7-4 中提及的自然景观之外，动物也是园林设计中的一员。地球是人类与动物共同拥有的，人类与自然、人类与动物的和谐相处不仅是一种心态，更是园林设计中不可忽视的内容(见图 7-12)。

图 7-12　巴黎凯旋门前与鸟儿交上朋友的老人

重视山水等资源的宝贵价值是集约型资源开发与利用的重要表现，要提高水土保持能力、保护现有的自然资源、调整资源结构以促进生物多样性的发展，从而确保自然资源的长久保持及良性地循环利用。

案例7—6

### 日本枯山水庭院设计

15 世纪建于京都龙安寺的枯山水庭院是日本最有名的园林精品。它占地呈矩形，面积仅330 平方米，庭园地形平坦，由 15 尊大小不一之石及大片灰色细卵石铺地所构成。石以二、三或五为一组，共分五组，石组以苔镶边，往外即是耙制而成的同心波纹。同心波纹可喻雨水溅落池中或鱼儿出水。看是白砂、绿苔、褐石，但三者均非纯色，从此物的色系深浅变化中可找到与彼物的交相调谐之处。而砂石的细小与主石的粗犷、植物的"软"与石的"硬"、卧石与立石的不同形态等，又往往于对比中相互呼应，如图 7-13、图 7-14 所示。

枯山水庭院设计之所以受到日本人乃至全球的欣赏，一个非常现实的原因就是可以节省空间和降低成本，在越来越多的仿古餐厅中，枯山水庭院受到了设计师们广泛的应用。

枯山水注重形式，忽略了真山水的质感，利用材料的质感代替了山水的质感。枯山水庭院的艺术感染力在于，首先，凝固之美，用形式的简朴和集约表现了材料本身的质感；其次，悲凉之美，用"枯"突出庭院之悲凉，只有山水的形式，没有山水的活力。

图 7-13　日本枯山水庭院(1)

图 7-14　日本枯山水庭院(2)

水资源集约的途径具体如下。

(1) 在设计的过程中要充分考虑植物的需水量，按照需水量将不同的植物进行集中规划和配置，比如，将耐旱植物与喜水植物进行分类设计规划。

(2) 在草坪的设计中，尽量使用耐旱植物或者节水植物进行配置，尽量控制植物的需水量。

案例7—7

### 广泛使用的耐旱植物——尖叶石竹

如今，尖叶石竹使用得越来越广泛，如图 7-15 所示。它具有以下特点。

① 节水、耐旱能力极强。在栽种或养护期，一般只在开春、入冬各浇一次水即可，年用水量仅为 0.3 吨/平方米，其他时间靠自然降雨；在干旱地区和季节，石竹依旧常绿盎然。常

规草坪一年养护用水量每平方米高达 1～1.2 吨水，而石竹年用水量仅为常规草坪水耗的 20%，年可节约草坪耗水量 80%。

② 开花。花朵 5 瓣，多朵顶生。花色由深粉、变粉、到白逐渐退变颜色，花茎高度为 20cm 左右，花谢后自然枯萎，花期一般在 5—10 月上旬。5—6 月为盛花期，近观花、草分明，远望花朵覆盖草坪，又使草坪变为花的海洋，园林效果非常好。

③ 常绿、抗寒能力强。在零下 30 摄氏度以上可成活，在零下 20 摄氏度以上可保持常绿(常规草坪冬季枯黄期长)。

④ 栽种方法简单多样。在 4 月至入冬前都可栽种。如想一次成坪可带根成墩栽种；如想节约成本可以墩为单位分株栽种，与传统草坪分栽方法一样。

⑤ 栽种土壤条件要求不高。在排水良好的沙质、半沙质土壤中栽种较好，抗碱度高(pH 值为 6.5～7.5)，耐贫瘠。

⑥ 极大节约养护管理成本。由于石竹的生长特性，一年中只需在盛花期后和入冬前各修剪一次即可，也可只修剪一次(常规草坪需修剪 8～12 次)，可极大节约养护管理中的水费、人工费、燃油费等养护和管理成本。

⑦ 适合人与植物的接触。由于尖叶石竹株高度较低，根系发达，适合人和重物在石竹上踩踏，既不会破坏石竹整体外观，又有利于石竹再生根系和石竹生长。

⑧ 适合栽种地域广泛。优质尖叶石竹适合生长在我国华北、东北、西北寒冷、高寒等地区。

尖叶石竹非常适合栽种在大型绿地、公园、地下设施的地面绿化、屋顶绿化、道路绿地、公路、河道护坡、起伏土丘、山坡、庭院等处。

图 7-15　可以使用的耐旱植物——尖叶石竹

(3) 设计的过程中，将植物置放于集水地形中，便于雨水资源的利用，杜绝水资源的浪费。

案例 7—8

### 重庆市建桥工业园双石河两岸斜坡植物群落景观

重庆市建桥工业园双石河两岸斜坡植物群落景观是重庆首个节约型园林，如图 7-16 所示。该景观占地 14 亩，以 36 种重庆主要园林植物，建成智能化节水灌溉—雨水收集利用—河水利用耦合系统，实现雨水零排放、洁净水零利用以及按需灌溉。

该节约型园林示范景观实现雨水零排放，意味着自然降水全部保存在土壤和雨水收集系统里；洁净水零利用，意味着园林绿地养护过程中，无须使用自来水。实验数据显示，同样面积的园林绿地，该示范景观比对照点管护费用节省37%，管护人工费节省77.78%。

该案例为节约型园林的示范景观，特点在于节水灌溉与雨水收集，这两个特点正符合水资源集约的途径。

图 7-16　重庆市建桥工业园双石河两岸斜坡植物群落景观

案例7-9

## 武汉长江大桥

"万里长江第一桥"——武汉长江大桥横卧于武昌蛇山和汉阳龟山之间的江面上，是中国在万里长江上修建的第一座桥梁，在中国桥梁史上具有重要意义，如图7-17所示。

图 7-17　武汉长江大桥

武汉长江大桥与龟、蛇两山非常合理地利用自然山体作为桥梁引线,增加了桥梁跨度,使桥身建筑景观和地形地貌环境浑然一体,既保持了道路优美流畅的自然曲线,又最大程度地减少了土方量,节省了工程的建设资本;桥梁建筑与武汉长江两岸的自然山水环境景观伴生效果也极大地丰富了武汉的城市生态环境。

(4) 加强湿地植被的修复和优化。

就园林绿化而言,一方面要增加可利用的水源总量,如采取雨水回收、中水利用等措施。另一方面要减少水资源的消耗。不仅要在水的运输、灌溉等方面减少损失,如利用地膜覆盖减少水分蒸发、利用土工布减少水分渗透等;而且要选用耐干旱的植物种类,并将水分送到植物最需要的地方,如微喷、滴灌,在树木根部盘绕穿孔输水软管等。这些技术措施投资有限,却可以有效节约大量的水资源,并且可以为植物的生长创造更加适宜的环境。

在那些自然环境相对比较恶劣的地区,尤其是以沙漠、荒原为主的干旱、半干旱地区,水是园林中最重要的元素。生活在类似于新疆自然环境中的阿拉伯人,出于对园林的酷爱和对美好生活环境的追求,创造了独特的伊斯兰园林风格,在引水、灌溉、节水,改善小气候环境等方面积累了宝贵的经验。

### 7.1.3　能源的集约

新技术的采用往往可以数以倍计地减少能源和资源的消耗。成都武侯祠景区打造雨水收集利用景观,沿建筑物、道路及绿地增加水系,为市民提供休息和游憩场所。景区合理地利用自然,利用光能、风能、水能等资源为人类服务,大大减少了能源的消耗。

案例7-10

**将风力发电机作为园林的一种景观**

在远离城市的公园和道路的设计建设中,可安装风光互补路灯将风能和太阳能转化为电能,解决照明问题;公园设计中可将风力发电机、太阳能光伏发电设备与景墙、建筑的设计相结合,如图 7-18、图 7-19 所示。

景观设计可结合利用风能、太阳能、生物能等清洁能源,减少不可再生能源的使用,实现安全清洁的绿地建设和日常管理。

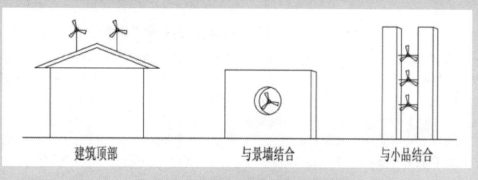

图 7-18　风力发电机与景观元素相结合

图 7-19　风力发电机也可以成为一种景观

大量的节能景观建筑、生态建筑见证了人类生态环境建设的足迹，园林建筑设计使建筑与环境成为一个有机整体，良好的室内气候条件和较强的生物气候调节能力，满足了人们生活、工作对舒适、健康和可持续发展的需求。

景观植被的生态设计以林地取代草坪、地方性树种取代外来园艺品种，也可大大节约能源和资源的耗费。另外减少灌溉用水、少用或不用化肥和除草剂等措施都体现了能源的集约，也是景观生态设计的重要内容。

最近几年，景观园林的浪费情况比较严重，"低碳"成为园林景观设计的关键理念之一。

能源集约的策略具体如下。

(1) 降低煤炭能源的消耗。电能主要靠煤炭的燃烧，煤炭使用率越高、废气排放量越大，在这个恶性循环中，降低煤炭资源的消耗是主要途径。

(2) 选择低碳材料。在园林设计中，园林材料既包括铺装、玻璃等材料使用，也包括木材、花卉等材料的使用。减少对新型、人工、高碳材材料的使用，合理使用低碳、乡土材料，不仅能够减少资源浪费，还能充分体现历史地域特色。

(3) 保留自然状态。降低能源的使用，要尽可能保留自然的原貌，保护自然的生态平衡状态。

案例7—11

## 新加坡：碧山宏茂桥公园和 Kallang 河道修复

新加坡从 2006 年开始推出活跃、美丽和干净的水计划(ABC 计划)，除了改造国家的水体排放功能和供水到美丽和干净的溪流、河流和湖泊之外，还为市民提供了新的休闲娱乐空间，如图 7-20、图 7-21 所示。同时，提出了管理可持续雨水的应用。在遇到特大暴雨时，紧挨公园的陆地，可以兼作输送通道，将水排到下游。

碧山宏茂桥公园是一个启发性的案例，它展示了如何使城市公园作为生态基础设施，与水资源保护和利用巧妙融合在一起，起到洪水管理、增加生物多样性和提供娱乐空间等多重功用。

图 7-20　新加坡碧山宏茂桥公园和 Kallang 河道修复

图 7-21　将雨水利用起来成为这个公园的重要目的之一

案例7—12

### 俞孔坚作品——沈阳建筑大学稻田校园

沈阳建筑大学稻田校园的设计特点如下。

(1) 大量使用水稻、当地农作物和乡土野生植物(如蓼、杨树)为景观的基底，显现场地特色。不但投资少，易于管理，而且形成了独特的、经济而高产的校园田园景观。收获的稻米——"建大金米"目前已被作为学校的礼品，赠送给到访者。

(2) 便捷的路网体系。遵从两点一线的最近距离法则，用直线道路，连接宿舍、食堂、教室和实验室，形成穿越于稻田和绿地及庭院中的便捷的路网。

(3) 空间定位。重复的九个院落式建筑群，容易造成空间的迷失，景观设计需要解决这一问题。为此，应用自相似的分形原理，进行九个庭院的设计，使每个庭院成为空间定位的参照，使用者可以通过庭院的平面和内容，感知所在的位置。

(4) 通过旧物再利用，建立新旧校园之间的联系。把旧校园的门柱、石碾、地砖和树木结合到新校园景观之中。

这是一个用水稻、作物和当地野草，通过最经济的途径来营造校园环境的案例，景观中应用了大量的水稻和庄稼，并通过旧材料的再利用，试图对庄稼、野草和校园做一个重新的认识，如图 7-22、图 7-23 所示。

图 7-22　具有特色的经济、高产、生态的校园园林景观

图 7-23　稻田园林成为学生安静读书的场所

## 7.2　生态与艺术相结合的趋势

### 7.2.1　生态园林理念的趋势

在以上的章节已经讲到，生态园林是一门包含环境艺术学、园艺学、风景学、生态学等诸多科目的综合类科学。

生态园林可以诠释为：对自然环境进行模拟，减少人工建筑的成分；尽可能地少投入、大收益；植物的大量运用；依照自然规律进行设计；对人们的身心有益。

案例7-13

#### 秦皇岛滨海景观带

项目位于河北省秦皇岛市渤海海岸，长 6.4km，面积为 $60km^2$。整个场地的生态环境状况遭到了严重的破坏，沙滩被严重地侵蚀，植被退化，一片荒芜杂乱；之前的盲目开发破坏了海边湿地，使之满目疮痍。项目旨在恢复受损的自然环境，向游客和当地居民重现景观之美，并将之前退化的海滩重塑为生态健康且风光宜人的景观，如图 7-24～图 7-27 所示。

图 7-24　秦皇岛滨海景观带效果图

该项目与其他湿地改造项目类似，在保留自然生态的基础上加以施工，为呈现人们可以接近的、生态的园林而努力。该生态修复工程中发明的浮箱基础技术获得了专利，专门用于解决松软地基和湿地生态保护区域的建筑工程难题。该项目包括国家级滨海湿地的保护和恢复、一个鸟类博物馆建筑和著名的鸽子窝公园的生态修复工程。本项目展示了景观设计师如何将生态、工程、创新技术和设计元素融为一体，对受损的景观和生态系统进行系统的"手术"，将退化了的人与自然的关系重塑为一种可持续的、和谐的关系。

图 7-25　秦皇岛滨海景观带施工过程图

图 7-26　秦皇岛滨海景观带实景图

　　该案例对自然环境进行了保留。2010ASLA 专业奖评委会评论该项目为："它简单到只设计给人以进入的机会；它使自然可达并将乡土植物与工程相结合；解说到位，非常有说服力；这是又一个有标志性意义的项目：清晰的理念和多种手段成就的美丽工程；这是一个充满希望的工程、一个用低廉造价而获成功的作品。"

图 7-27　秦皇岛滨海景观带成为市民休闲的好去处

　　生态设计是通过构建多样性景观，对绿化整体空间进行生态合理配置，尽量增加自然生态要素，追求整体生产力健全的景观生态结构。

案例7-14

### 雨洪公园：哈尔滨群力国家城市湿地

　　2009 年年中，受哈尔滨政府委托，北京土人景观与建筑规划设计研究院承担群力新区的一个主要公园设计，占地 34 公顷，为城市的一个绿心，如图 7-28、图 7-29 所示。场地原为湿地，但由于周边的道路建设和高密度城市的发展，导致该湿地面临水源枯竭，湿地退化，并有消失的危险。土人的策略是将该面临消失的湿地转化为雨洪公园，一方面解决新区雨洪的排放和滞留问题，使城市免受涝灾威胁，同时，利用城市雨洪，恢复湿地系统，营造出具有多种生态服务的城市生态基础设施。实践证明，设计获得了巨大成功，实现了设计的意图。

图 7-28　土人设计的雨洪公园不仅极大限度保留了湿地，还可以防止该城市的涝灾

图 7-29　多样性的景观建筑使得该公园已经成为一座不简单的公园

建成的雨洪公园，不但为防止城市涝灾做出了贡献，还可以为城市新区居民提供优美的游憩场所和多种生态体验。同时，昔日的湿地得到了恢复和改善，并已晋升为国家城市湿地。该项目成为一个城市生态设计、城市雨洪管理和景观城市主义设计的优秀典范。

绿化是城市绿地生态功能的基础。因此，在植物造景的过程中，要尽可能使用乔木、灌木、草等，来提高叶面积指数，提高绿化的光合作用，以创造适宜的小气候环境，降低建筑物的夏季降温和冬季保温的能耗。

同时，根据功能区和污染性，选择耐污染和抗污染植物，发挥绿地对污染物的覆盖、吸收和同化等作用，降低污染程度，促进城市生态平衡。

因此，在生态园林景观设计中，基本理念就是在园林景观中，充分利用土壤、阳光等自然条件，根据科学原理及基本规律，建造人工的植物群落，创造人类与自然有机结合的健康空间。

"因地制宜、突出特色、风格多样"是园林景观设计中生态趋势的要求。依据设计场域内的阳光、地形、水、风、能量等自然资源，结合当地人文资源，进行合理的规划和设计，将自然因素和人文因素合二为一。

### 7.2.2　艺术性在园林设计中的趋势

园林是一门综合艺术，它融合了书法、工艺美学、艺术美学、建筑学、美术学及各种学科为一体。如今，在园林景观充分运用到人们工作生活的角落的时候，浮躁的商业化气息也遍布全学科，如何创造出具有艺术性的园林景观也成为如今园林景观设计师常常考虑的问题，能否巧妙地运用地域和环境上的特点，融自身的审美观念于其中，自树一帜，使园林的艺术性在设计中显得尤为重要。

(1) 遵循空间布局的艺术性。

这条法则包含了布局的美观和合理，要求设计师注重园林的空间融合，注重空间的灵活运用。

案例7-15

### 西班牙的阿托查植物园火车站

位于西班牙首都马德里的阿托查火车站不仅是一个交通运输转换站,同时还是一个室内植物花园和珍稀动物保护区,如图 7-30~图 7-32 所示。

图 7-30  阿托查植物园火车站(1)

图 7-31  阿托查植物园火车站(2)

该火车站最早建造于 1851 年,而后由于火灾在 1892 年进行了重建,并于 1992 年在室内种植了众多的树木植物,现在已经可以看到室内树木生长繁茂,乘客们可以在树影下静候火车。整个室内花园有超过 7000 株树木,其中很多都是棕榈树,里面还有很多热带树种。沿着花园小道设置了很多座椅。在珍稀动物保护龟池塘边,可以看到很多的龟在嬉戏。

该工程的设计师是西班牙建筑大师拉斐尔·莫尼奥。在现代建筑史上,同时兼具伟大教育家与成功建筑师的典范并不多,拉斐尔·莫尼奥正是其中之一。他的建筑风格结合建筑构造、空间机能与视觉美学,并能转化历史语汇与基础纹理于建筑中。从银行到博物馆,从车站到文化中心,从美术馆到音乐厅,题材广泛开阔,形式多样灵活,各具特色。

完成于 1992 年的阿托查火车站正是莫尼奥的代表作之一,被誉为最有效率的车站之一。

该案例遵循布局的艺术性，注重空间的灵活运用，其特点不仅是将园林与火车站相融合，使之成为独具特色的双重意义的空间，其美观与艺术性成为该火车站不同于其他园林或火车站的原因。

图 7-32　阿托查植物园火车站(3)

　　园林构图要遵循艺术美法则，使园林风景在对比与微差、节奏与韵律、均衡与稳定、比例与尺度等方面相互协调，这是园林设计中的一个非常重要的因素。

　　园林的空间布局是园林规划设计中一个重要的步骤，是根据计划确定所建园林的性质、主题、内容，结合选定园址的具体情况，进行总体的立意构思，对构成园林的各种重要因素进行综合而全面的安排，确定它们的位置和相互之间的关系。

　　综上所述，一个好的园林作品包括了解建筑分布、规划空间结构、融合使用对象等。园林空间的合理利用，对于现代园林景观设计非常重要，因此空间布局的艺术性显得尤为重要。如何以人为本，如何因地制宜，是每一位园林设计师需要分析的。

案例7-16

### 三谷彻作品展示：大阪西梅田入口广场

　　三谷彻(Mitani, Toru，也作三谷徹)是日本当代景观设计师，他的设计包括多种开放空间，涉及现代都市和自然的景观。三谷彻设计的专业领域涵盖环境、艺术、美术、园艺等多个方面，他对景观的设计创造也是独具特色。大阪西梅田入口广场(Umeda)位于大阪府大阪市，是其极具代表性的作品之一，如图 7-33 所示。

　　为了实现绿色浮游空洞这个初期的设计概念，设计师最终提出了在这个高层建筑的脚下建造"多孔性立体广场"的设计方案。这是在高密度的日本城市中如何使得高层建筑得以"落地"的有效并且典型的方法。与西欧建造明确的铺装广场相比，设计师希望提供一个日本人所喜好的公共空间形式，也就是使得建筑与大地的结合暧昧化。"绿色瀑布"使得既有地下商业街的一角产生了新的焦点，"联结空洞"在白昼与夜晚展现着各种不同的光线效果。一切莫过于人们的一举一动赋予了空间以生命感，为了各种各样的目的而相互交错的人们与立体的绿色相融合，在城市中产生了新的景致。

图 7-33　大阪西梅田入口广场

　　该案例的设计师因地制宜，将适合室内种植的植物植入到该园林景观的设计中，充分考虑环境因素，为经过这里的每一个市民创造出了值得观赏的"绿色瀑布"，是一个值得学习的案例。

案例7-17

### 英国的 Dalston 公共空间

　　该案例由十个耗资巨大的分属项目构成，立足于 Dalston(达尔斯顿)的多元化、创意性的历史语境，广泛采取意见，关注如何在无损于现有资产的情况下，尽可能地建造更多、更有品质的公共空间，努力在保持 Dalston 自治特色的前提下，包容一致与变化。

　　该案例将公共区域与文化积极性结合起来，创造出了富有人情味的休闲空间，如图 7-34、图 7-35 所示。

图 7-34　英国的 Dalston 公共空间(1)

图 7-35　英国的 Dalston 公共空间(2)

(2) 园林绿化植物的艺术性。

园林艺术中的植物造景有着美化和丰富空间的作用，园林中许多景观的形成都与花木有直接或间接的联系，如图 7-36 所示，植物种植的艺术性不仅包括植物的习性，还有植物的外形和植物之间搭配的协调性。

图 7-36　植物种植的艺术性

任何一个好的艺术作品都是人们的主观感情和客观环境相结合的产物，不同的园林形式决定了不同环境和主题。如图 7-37 所示，物种的内容与形式的统一是提高植物配景审美艺术水平的方法。

图 7-37　物种内容与形式的统一

# 本 章 小 结

　　建设节约型城市生态园林景观是落实科学发展观的必然要求,是城市可持续发展的生态基础,是我国城市园林绿化事业发展方向。建设节约型园林,空喊口号是不会实现的,要从战略和全局发展的高度出发,改变旧的传统观念,从我做起,从现在做起,从小处做起,充分认识建设节约型园林绿化的重要性和紧迫性,切实抓好各项工作的落实和执行,建立健全有关节约型园林建设的法律法规,为子孙后代保护好环境和资源,从而实现城市未来的可持续发展。

### 课程思政

　　本章介绍了园林景观设计的发展趋势。为了实现城市设计的整体要求,通过科学的景观设计,反映整个城市的历史内涵及文化底蕴,进一步健全现代园林绿地系统,并创造出质量高、环境好、指标先进的园林绿化作品,我们需要在了解、借鉴其他国家景观设计的同时,高举"中国特色"的旗帜,开创我国园林景观设计的绿色、生态之路。

### 思考练习题

1. 园林景观设计的趋势有几个方面?
2. 集约型景观设计主要体现在哪几个方面?

3. 艺术性在园林景观设计中的重要性是什么？

4. 请论述在建设节约社会的形势下园林水景的营建方式。

实训课题：从绿色、环保的角度出发，设计一座屋顶花园。

(1) 内容：从绿色、环保的角度出发，设计一座屋顶花园。

(2) 要求：学生以 4～5 人为一组，从搜集资料开始，设计一座屋顶花园，要求立意新颖、设计巧妙、体现特色。作业需用手绘的形式呈现，不得少于六张效果图，并附有文字说明。

# 参 考 文 献

[1] 曹磊. 景观设计[M]. 大连：大连理工大学出版社，2019.

[2] 王祝根. 景观设计基础理论[M]. 南京：东南大学出版社，2012.

[3] 陈莺娇，毛文正. 景观设计要素[M]. 福州：福建美术出版社，2008.

[4] 陈斌，王海英. 景观设计概论[M]. 北京：化学工业出版社，2012.

[5] 蔡茜，郑淼. 园林景观设计[M]. 武汉：武汉理工大学出版社，2014.

[6] 谢明洋，赵珂. 庭院景观设计[M]. 北京：人民邮电出版社，2013.

[7] 韩炳越，曹娟. 世界景观设计[M]. 北京：中国林业出版社，2015.

[8] 刘晖. 景观设计[M]. 北京：中国建筑工业出版社，2013.

[9] 邱建. 景观设计初步[M]. 北京：中国建筑工业出版社，2010.